食品工艺学实验

主 编 阳 晖 李 宇 冯晓汀
副主编 谭 飔 周 琴 李文峰
　　　 高晓旭 郑俏然
参 编 贺云川 李朝盛

西南交通大学出版社
·成都·

图书在版编目（CIP）数据

食品工艺学实验 / 阳晖，李宇，冯晓汀主编. —成都：西南交通大学出版社，2019.5（2020.8 重印）
ISBN 978-7-5643-6871-5

Ⅰ. ①食… Ⅱ. ①阳… ②李… ③冯… Ⅲ. ①食品工艺学 – 实验 – 教材 Ⅳ. ①TS201.1-33

中国版本图书馆 CIP 数据核字（2019）第 088538 号

食品工艺学实验

主　　编／阳　晖　李　宇　冯晓汀　　　责任编辑／牛　君
封面设计／严春艳

西南交通大学出版社出版发行
（四川省成都市金牛区二环路北一段 111 号西南交通大学创新大厦 21 楼　610031）
发行部电话：028-87600564　028-87600533
网址：http://www.xnjdcbs.com
印刷：四川森林印务有限责任公司

成品尺寸　185 mm×260 mm
印张　12.5　　字数　297 千
版次　2019 年 5 月第 1 版　　印次　2020 年 8 月第 2 次

书号　ISBN 978-7-5643-6871-5
定价　36.00 元

PREFACE

·························· 前 言 ··························

食品工艺学是食品科学与工程专业必不可少的核心专业实践课程，同时也是培养学生适应国家对食品专业人才实践能力培养所需要的重要实战性教学环节。食品工艺学是一门应用科学，实践性很强。其基本理论、基本原理和基本技能，必须通过实验才能很好地领会和掌握。因此《食品工艺学实验》教材在食品工艺学教学中起到举足轻重的作用。

目前，国家对食品专业人才需求日增，对高等院校食品专业高素质应用型人才培养目标提出了新的要求，从而对食品工艺学类实验教材建设也提出了更高的标准。

有鉴于此，长江师范学院食品科学与工程系启动了《食品工艺学实验》教材的编写工作。本教材正是为了适应当今时代国家对高素质应用型食品专业类人才培养的需求而编写的。本教材以适应社会需求为目标，以培养学生技术实战能力为主线组织编写，在具体内容上按照知识的连惯性、实用性，同时兼顾够用为度的原则进行取舍。主要体现出如下特色：

（1）本教材的编写内容具有实用性。编写力求贯彻食品工艺学理论联系食品生产实际的原则，突出食品工艺学理论知识的应用，加强针对性和实用性，并尽量反映国内外食品领域的最新成就和发展趋势。

（2）本教材编写体系有所创新。结合具有食品科学与工程学科特色的教学理论、教学方法和教学模式，本教材将基础实验、综合实验及创新实验相结合，并将教师的科研成果转化为实践教学内容，重点解决在食品工艺实践中的关键问题，旨在提高学生的实践能力。

（3）本教材编者经验丰富。本教材的编者均经过校院推荐、编委会资格审定筛选而来，均为校院一线骨干教师，具有丰富的食品专业方面的教学和实践经验。

本教材共分为基础实验、综合实验、创新性实验等三个板块，内容包括果蔬制品、粮油制品、畜禽肉蛋乳制品、鱼类制品、食品功能性成分提取以及发酵食品加工。教材整体内容基于食品生产的实用性，同时力求增加新产品、新工艺、新标准、新技术的应用。每一个实验在介绍食品加工原理、工艺流程、操作要点和注意事项等内容的同时，特别介绍了可供实际操作参考的配料或配方、常用的机械设备、产品质量评定及标准，并附最新参考文献。许多实验是我院食品专业教师近几年的科研成果。

本教材内容丰富，深入浅出，简繁得当，适合作为各大专院校食品专业的教材，亦可供职业技术学校相关专业的学生、成人教育、函授教育、网络教育、自学考试等参考使用以及供食品生产企业的技术人员参考借鉴。希望这本教材能有助于培养适应新时代中国特色社会主义发展需要的、高素质应用型食品专业人才。

由于编者水平有限，书中难免存在错漏之处，希望同行能给予指导，让这部教材不断完善成为精品，为教师和学生以及专业人士所喜爱。

高晓旭

2018 年 11 月

于长江师范学院

目　录

第一章

基础实验

第一节 果蔬及糖果类产品加工实验

实验一 水果罐头的制作

一、实验目的

（1）了解水果罐头产品质量评价的方法。
（2）熟悉水果罐头制作的一般工艺及罐藏的原理。
（3）掌握水果罐头的基本操作方法。

二、实验原理

罐藏是把食品原料经过前处理后，装入能密封的容器内，添加糖液、盐液或水等辅料，通过排气、密封和杀菌，杀灭罐内有害微生物并防止二次污染，使产品得以长期保藏的一种加工技术。

三、实验材料及实验设备

1. 实验材料

鸭梨等时令水果，白砂糖，柠檬酸，氯化钠等。

2. 实验设备及器具

恒温水浴锅，折光仪，电子秤，电磁炉，不锈钢锅，玻璃瓶等。

四、实验内容

1. 工艺流程

原料→分选→拆把去皮→切半去心→浸泡护色→修整→预煮→装罐→加糖液→排气及密封→杀菌→冷却

2. 操作要点

（1）空罐的准备　清洗干净，沸水消毒 10 min 后待用。

（2）糖液的制备　根据所需开罐糖液浓度（14%～18%）及用量直接称取白砂糖和水。加热、溶解，煮沸 5～10 min 后趁热过滤，校正浓度后备用。为增加风味，根据原料中有机酸含量，可在糖液中加入 0.1%～0.15%柠檬酸。糖液浓度的计算：

$$Y = (W_3Z - W_1X) / W_2$$

式中 Y——要求糖液浓度，%（以折光计）；

   W_1——每罐装入果肉量，g；

   W_2——每罐加入糖液量，g；

   W_3——每罐总重量[①]，g；

   X——装罐前果肉可溶性固形物含量，%（以折光计）；

   Z——要求开罐时的糖液浓度，%（以16%计）。

（3）前处理　清洗后去皮去核，挖去损伤部分，分块后立即浸在护色液中。用0.5%~1.0%柠檬酸或1%~2%食盐溶液护色。

（4）预煮　将修整后的梨块投入沸水中预煮5~10 min至半透明（过心）。

（5）装罐　要求同一罐中果肉大致均匀，色泽形态基本一致，装入果肉后立即注入95 ℃以上糖水，留顶隙4~8 mm。

（6）排气密封　采用加热排气法，装罐后放入沸水中，加热至罐中心温度达80~85 ℃时，立即取出，旋紧瓶盖，并逐一检查，以保持良好的密封性。

（7）杀菌及冷却　密封后，再放入沸水中杀菌15~20 min，然后分段冷却（65 ℃、45 ℃、凉水）。

五、产品质量评价

1. 感官评定

主要包括内容物块形、搭配、颜色、顶隙、糖液澄清度、碎屑物、沉浮状态和透明程度等。

2. 敲　验

开罐前进行敲验，检查真空度，听其声音，应该清脆而有一定响度，而不是沉闷而空洞声。

3. 滋、气味

开罐时，具有梨罐头特有气味；品尝时滋味正常，甜酸适度，果肉硬度可口。

4. 糖　度

开罐糖度为14%~18%。

5. 固形物

开罐后固形物含量不得低于55%。

---

① 实为质量，包括后文的称重、恒重、总重、净重等。但由于现阶段我国农林畜牧等行业的科研和生产实践中一直沿用，为使学生了解、熟悉行业现状，本书予以保留。——编者注

六、注意事项

（1）梨去皮后应尽快浸入护色液中，防止褐变。

（2）梨块修整时，大小要一致，否则影响产品外观。

七、问题与讨论

（1）排气的作用是什么？

（2）罐头杀菌后为何要迅速冷却？

（3）预煮的主要目的是什么？

（4）配制糖液时应注意哪些问题？

实验二　果冻的制作

一、实验目的

（1）了解果胶的性质及用途。

（2）理解果冻制作的基本原理。

（3）掌握果冻制作的工艺流程和操作要点。

二、实验原理

果冻是果汁加糖后，在一定糖、酸及果胶比例下经煮制、冷却形成的凝胶状产品。利用果胶物质的凝胶作用，形成具有一定弹性的、口感滑爽的果胶-糖-酸凝胶。

三、实验材料及实验设备

1. 实验材料

果汁，琼脂，柠檬酸，白砂糖等。

2. 实验设备及用具

真空封口机，电磁炉，模具，电子台秤，塑料杯，夹层锅等。

四、实验内容

1. 工艺流程

配料→混合→浓缩→充填→封口→杀菌→检验→成品

2. 参考配方

果汁 30 g，琼脂 1 g，柠檬酸 0.5 g，白砂糖 15 g。

3. 操作要点

（1）配料

①琼脂液的制备　用 50 ℃ 温水浸泡软化，洗净杂质，然后加水加热溶解（水、琼脂之比为 80∶1）。

②糖液的制备　将白砂糖配成 70%~75% 的溶液。

③酸液的制备　柠檬酸配成 50% 的溶液备用。

（2）浓缩　将果汁液加入夹层锅中，加入果汁重量 50% 的白砂糖、0.2% 的柠檬酸，加热浓缩 15 ~ 20 min，按配方迅速加入果胶液，待温度达到 100 ℃左右时出锅。

（3）充填、封口　将浓缩液稍微冷却后加入塑料杯中，用真空封口机封口，塑料杯的规格为 16 ~ 50 mL。

（4）杀菌　采用巴氏灭菌，时间 20 min，灭菌后冷却。

（5）检验　按产品技术要求进行检验，合格者即为成品。

五、产品质量评价

（1）成品色泽应符合果汁应有的颜色，色泽均匀一致，内部无气孔，质地有弹性。

（2）针对各组产品，进行质量分析。

六、问题与讨论

（1）除了果胶，还有哪些材料可以用于果冻的胶凝？其原理是什么？

（2）请调查市场上的商品果冻常用的配料有哪些。

果冻=水+食品添加剂？

实验三　果酱的制作

一、实验目的

（1）了解果酱的配方。

（2）理解果酱的加工原理并熟悉其生产工艺。

（3）掌握果酱生成中主料、辅料的作用，生产设备的工作原理，学会使用果酱生产设备。

二、实验原理

水果中的原果胶在原果胶酶或酸作用下分解成果胶，加热时，果胶加适量的糖和酸，形成凝胶。高糖分形成的高渗透压能抑制腐败微生物的形成，结合合适的杀菌方法，能使果酱保存较长时间。

三、实验材料及实验设备

1. 实验材料

苹果等时令水果，白砂糖，食盐，柠檬酸等。

2. 实验设备及用具

常压浓缩设备（电磁炉或电热炉），打浆机或破壁机，水浴锅，电子台秤，不锈钢盆，削皮刀，玻璃瓶，砧板，不锈钢锅等。

四、实验内容

1. 工艺流程

原料处理→护色→加热软化→绞碎→配料→浓缩→装罐密封→杀菌→冷却→成品

2. 参考配方

苹果肉 3 kg，白砂糖 3 kg，水 1 kg，柠檬酸 8 g。

3. 操作要点

（1）原料处理　挑选优质苹果，洗净，去皮，切瓣去核。

（2）护色　在 1%~2% 的食盐水中护色。

（3）加热软化　原料连同用纱布包好的果皮一起放入沸水中软化至果肉变软。

（4）绞碎、浓缩　用绞碎机把软化后的果肉绞碎，放入锅中同时加入辅料液，100 ℃

下浓缩至黏稠。

（5）装罐、密封　迅速装罐，在温度降到 85 ℃ 时密封。

（6）杀菌、冷却　采用沸水浴保持 15 min 杀菌，杀菌后冷水浴冷却至 38 ℃ 左右并放至室温。

五、产品质量评价

（1）测定可溶性固形物，含量应占 65% ~ 70%，酸度为 pH 值约 3.1，总糖量 ≥50%。

（2）色泽呈黄褐色，组织状态呈胶黏状，均匀一致，无糖晶体析出，不溢出液体。

（3）具有苹果香气，酸甜风味，无杂质异味。

六、问题与讨论

如何在此基础上制作低糖果酱？需对配方及工艺做出哪些改进？

一篇好吃的果酱指南，献给只知道 jam 的你

实验四 果汁的制作

一、实验目的

（1）了解果汁饮料的一般生产过程。

（2）理解配方设计及各成分作用。

（3）掌握原料预处理及调配的方法。

（4）掌握榨汁机、均质机、手持糖度仪、pH 计等常规仪器设备的使用，获得独立制作果汁的实验能力。

二、实验原理

果汁是利用物理的方法如压榨、离心、浸提等，破碎果实制取汁液，通过调配、灭菌、灌装等过程生产的。在生产储存过程中果汁容易出现浑浊、沉淀、变色等问题，常利用果胶酶澄清汁液、高温钝化酶的活性、严格灭菌和包装等手段预防品质问题。

三、实验材料及实验设备

1. 实验材料

苹果，橙子，白砂糖，防腐剂（苯甲酸钠），酸味剂（柠檬酸），浓缩果汁（橘子，柠檬、菠萝、甜橙），色素（日落黄、胭脂红、柠檬黄），香精（橘子、白柠檬、菠萝、甜橙香精），工业酒精（用于瓶盖，砂滤棒消毒）等。

2. 实验设备及用具

手持糖度仪，pH 计，温度计，轧盖机，电子天平，搅拌器，均质机，饮料瓶，瓶盖等。

四、实验内容

1. 工艺流程

原料处理→榨汁→过滤→调配→ 均质→脱气→灌装→杀菌→冷却→成品

2. 参考配方

新鲜水果 35% ~ 40%，白砂糖 13% ~ 15%，稳定剂 0.2% ~ 0.35%，色素、香精少量。

3. 操作要点

（1）原料要求　采用新鲜，无霉烂、病虫害、冻伤及严重机械伤的，成熟度八至九成的水果；清水清洗净并摘除过长的果把，用小刀修除干疤、虫蛀等不合格部分，最后再用清水冲洗一遍。

（2）榨汁　榨汁机榨汁或者打浆机打浆。

（3）过滤　用 60 目的筛过滤。

（4）调配　按产品配方加入甜味剂、酸味剂、稳定剂等在配料罐中进行混合并搅拌均匀。

（5）均质　均质压力在 18 ~ 20 MPa，25 ℃ 均质 5 min，使组织状态稳定。

（6）脱气　加热至沸腾 1 ~ 2 min，也可以采用真空脱气。

（7）杀菌　一般温度为 95 ℃，时间为 15 ~ 20 s。

五、产品质量评价

1. 色　泽

具有原料果特有的色泽。

2. 滋味及气味

具有原料果应有的味道和香气。

3. 组织及形态

果肉细腻并均匀地分布于液汁中。

六、注意事项

灭菌时，酸度较高的果汁例如橙汁、番茄汁等采用巴氏杀菌即可达到要求，苹果汁等酸度较低的果汁需采用更严格的高温煮沸或超高温瞬时灭菌。

七、问题与讨论

如何澄清果汁？其原理是什么？

都是果汁，30 块钱的比 3 块的高级在哪里？

实验五　果酒的制作

一、实验目的

（1）理解果酒制作的基本原理。

（2）掌握酿造果酒的工艺流程和操作要点。

二、实验原理

果酒的制造是用新鲜的葡萄或其他果品为原料，利用野生的或者人工添加的酵母菌来分解糖分并产生酒精及其他副产物，伴随着酒精和副产物的产生，果酒内部发生一系列复杂的生化反应，最终赋予果酒独特风味及色泽。因此果酒酿造不仅是微生物活动的结果，而且是复杂生化反应的结果。葡萄酒及其他果酒酿造的机理是一个很复杂的过程，它包括酒精发酵、苹果酸-乳酸发酵、酯化反应和氧化还原反应等过程。

三、实验材料及实验设备

1. 实验材料

葡萄或其他适合果酒制作的水果，白砂糖，柠檬酸，葡萄酒酵母，焦亚硫酸钠等。

2. 实验设备及用具

破碎机，榨汁机，手持糖度仪，发酵罐（或发酵缸），过滤筛，台秤等。

四、实验内容

1. 工艺流程（以红葡萄酒为例）

原料选择→分选清洗→去梗破碎→ 调整糖酸度→前发酵→ 压榨→后发酵→贮藏→澄清→过滤→调配→装瓶→杀菌

2. 操作要点

（1）原料选择　选用质量一致，酸甜度合适的栽培葡萄或山葡萄，剔除病烂、病虫、生青果，用清水洗去表面污物。

（2）破碎、去梗　可用滚筒式或离心式破碎机将果实压破，再经除梗机去掉果梗（也可用手工去皮、去梗和破碎），在破碎过程中，应尽量避免撕碎果皮、压迫种子和碾碎果皮，降低杂质的含量，使酿成的酒口味柔和，否则会产生单宁的青涩味。

（3）调整糖酸度　经破碎除去果梗的葡萄浆，因含有果汁、果皮、籽粒及细小果梗，应立即送入发酵容器内，发酵容器应留出 1/5 ~ 1/4 的空隙，不可加满；发酵前需调整糖酸度（按含糖量为 1.7 g/100 mL 生成 1°酒精进行计算，一般干酒的酒精度在 11°左右，甜酒 15°左右，若葡萄汁中含糖量低于应生成的酒精含量时，必须提高糖度，这样发酵后才能达到所需的酒精含量。加糖不可过多，以免影响成品质量）；在发酵容器中加入亚硫酸溶液，防止杂菌繁殖，保证酵母菌正常繁殖和活动；酸度一般控制在 pH 为 3.5 ~ 4.0，加入焦硫酸钠 120 ~ 150 mg/kg；亚硫酸钠加入过多也会影响酿酒酵母菌的繁殖。

（4）前发酵　调整糖酸度后，加入 0.2 g/L 葡萄酒活性干酵母，加入后充分搅拌，使酵母均匀分布；发酵时每日必须检查酵母繁殖情况及有无菌害；如酵母生长不良或过少时，应重新补加酒母；发现有杂菌危害，应在室内燃薰硫黄，利用二氧化硫杀菌；发酵温度必须控制在 20 ~ 25 ℃。

前发酵的时间，根据葡萄含糖量、发酵温度和酵母接种数量而异，一般在比重下降到 1.020 左右时即可转入后发酵，前发酵时间一般为 7 ~ 10 d。

（5）分离压榨　前发酵结束后，应立即将酒液与皮渣分离，避免过多单宁进入酒中，使酒的味道过分苦涩。

（6）后发酵　补充 SO_2 含量至 30 ~ 40 mg/L。充分利用分离时带入的少量空气，来促使酒中的酵母将剩余糖分继续分解，转化为酒精，此时，沉淀物逐渐下沉在容器底部，酒慢慢澄清。后发酵就是促使葡萄酒进行酯化作用，使酒逐渐成熟、色、香、味逐渐趋向完整。

后发酵桶上面要留出 5 ~ 15 cm 空间，因为后发酵也会生成泡沫。后发酵期的温度控制在 18 ~ 20 ℃，最高不能超过 25 ℃。当比重下降到 0.993 左右时，发酵结束。一般需 1 个月左右，才能完成后发酵。

（7）陈酿　调整 SO_2 含量至 20 ~ 30 mg/L。要求温度低，通风良好。适宜的陈酿温度为 15 ~ 20 ℃，相对湿度为 80% ~ 85%。陈酿时除应保持适宜的温度、湿度外，还应注意换桶、添桶。

第一次换桶应在后发酵完毕后 8 ~ 10 d 进行，除去酒渣（并同时补加二氧化硫到 150 ~ 200 mg/L）。第二次换桶在前次换桶后 50 ~ 60 d 进行。第二次换桶后约三个月进行第三次换桶，经过 3 个月以后再进行第四次换桶。为了防止害菌侵入与繁殖，必须随时添满贮酒容器的空隙，不让它表面与空气接触。在新酒入桶后，第一个月内应 3 ~ 4 d 添桶一次，第二个月 7 ~ 8 d 添桶一次，以后每月一次，一年以上的陈酒，可隔半年添一次。添桶用的酒，必须清洁，最好使用品种和质量相同的原酒。

（8）调配　经过 2 ~ 3 年贮存的原酒，已成熟老化，具有陈酒香味。可根据品种，风味及成分进行调和。葡萄原酒要在 50% 以上。调配好的酒，在装瓶以前，还须化验检查，并过滤一次，才能装瓶，然后压盖。经过 75 ℃ 的温度灭菌后，即可贴商标，包装。

五、产品质量评价

1. 感官指标

参考 GB 15037/T—2006，从色泽、香气、口感等方面制订感官评价表进行评价。

2. 理化指标

酒精度、总糖、挥发酸、干浸出物、柠檬酸、铁、铜、甲醇等指标，参考 GB 15037/T—2006 执行。

3. 卫生指标

参考 GB 2758—2012 的规定。

六、注意事项

（1）注意焦亚硫酸钠的添加和使用方法。
（2）在发酵过程中防止杂菌的污染。

七、问题与讨论

（1）前发酵与后发酵有什么不同？
（2）葡萄酒在储酒过程中，澄清的措施有哪些？

GB/T 15037—2006

GB 2758—2012

实验六 脱水蒜片的制作

一、实验目的

（1）了解干制产品质量评价的方法。
（2）熟悉实验室干制食品加工设备，如干燥箱的工作原理，掌握其操作方法。
（3）掌握蔬菜干制品制作的一般工艺过程。

二、实验原理

食品干燥保藏是长期保藏食品的一种方法。食品的脱水加工是在不导致或几乎不引起食品性质的其他变化（除水分外）的条件下，从食品中除去水分。

三、实验材料及实验设备

1. 实验材料

大蒜、碳酸氢钠、包装袋。

2. 实验设备及用具

切片机、干燥箱、电子台秤等。

四、实验内容

1. 工艺流程

原料验收→浸泡→切片→漂白→烘烤→分选→包装→成品

2. 操作要点

（1）原料验收 采用新鲜饱满、品质良好、蒜瓣较大、蒜肉细白、无瘦瘪、无霉烂变质、无老化脱水、无发芽、无病虫害及机械损伤的大蒜头。

（2）浸泡 将挑选合格的大蒜头放入清水池中浸泡 1～2 h，以容易进行剥皮为准。

（3）切片 使用切片机或者手工切片，厚度为 1.5～2.0 mm。边切片边加入清水冲洗。要求刀刃锋利，切片厚薄均匀完整，无薄厚不一，碎片少，成片率要求达到 90%以上。

（4）漂白 将蒜片放入 0.1%～0.2%碳酸氢钠水溶液中，漂白处理 15～20 min。

（5）烘烤 蒜片放入干燥箱中，温度控制在 60 ℃左右为宜，当原料水分大部分蒸发，干燥速度逐渐减慢，密切观察，注意防止制品焦化，待蒜片烘干至含水量 4.5%左右时，停止烘烤，取出蒜片，整个烘烤时间为 4～5 h。

（6）冷却　烘烤成熟后即可出炉，冷却至室温即可。

（7）包装　经过回软处理及分选后进行包装，注意密封性，即为成品。

五、产品质量评价

1. 感官指标

蒜片洁白，形态大小整齐一致，蒜味浓郁。

2. 理化指标

含水量≤6%。

六、注意事项

蒜片干燥后易碎，要轻拿轻放。

七、问题与讨论

（1）脱水蒜片有哪些保健用途？

（2）脱水蒜片如何控制焦化现象？

实验七 涪陵榨菜的制作

一、实验目的

（1）了解涪陵传统榨菜的性质及用途。
（2）理解涪陵传统榨菜制作的基本原理。
（3）掌握涪陵榨菜制作的工艺流程和操作要点。

二、实验原理

涪陵传统榨菜是采用鲜青菜头（科名"茎瘤芥"）加食盐后，在一定量的食盐的作用下经腌制发酵形成。利用食盐渗透的作用，将鲜青菜头进行"三腌三榨"后，形成具有鲜香脆嫩的榨菜。

三、实验材料及实验设备

1. 实验材料

鲜青菜头，食盐（无碘），红辣椒粉（80目），香辛料（花椒、山奈、八角、桂皮等），干青菜头叶，干玉米叶，竹篾丝。

2. 实验设备及用具

不锈钢菜刀，切砧板，1 000 mL 陶坛，陶盘（ϕ30 mm）。

四、实验内容

1. 工艺流程

青菜头→分级整理→风干→修剪→清洗→分切→晾晒→洗净→压榨（沥干水分）→腌制罐消毒→第一次腌制→捞出、压榨沥干水分→第二次腌制→捞出、压榨沥干水分→配料→装坛→封口→发酵及管理→成品

2. 参考配方

鲜青菜头 7 500 g，食盐 1 200 g，红辣椒粉 525 g，香辛料 200 g，白酒 150 mL（酒精度≥52 vol）。

3. 操作要点

（1）分级整理 榨菜收回来以后，除去菜梗和叶，剥去底层老皮，抽去硬筋，注意不

要损伤上部的青皮。150~350 g的青菜头可以原封不动加工，350 g以上青菜头切成两块，500 g以上青菜头切成3~4块，150 g以下青菜头作为等外品加工。

（2）风干 将用竹皮细绳穿过的青菜头挂在晾棚上使之风干，一般风力7~8 d即可完成，把青菜头从晾棚上取下后就可以进行盐腌，标准是用手握青菜头时感觉柔软无硬芯，表面适度收缩。

（3）修剪 除去过长的根和茎以及过多的表皮。

（4）腌制罐消毒 用白酒将洗净的陶坛内壁浇上白酒均匀灭菌，备用。

（5）第一次腌制 根据需要，将洗净的青菜头分切成丝、片或平行小方块，经压榨沥干水分后加盐3%入坛，层层压实后进行第一次腌制（一般需时3~5 d）。

（6）第二次盐腌 将第一次腌制后的半成品捞出，压榨沥干水分，再加盐5%入坛层层压实后进行第二次腌制（一般需时7~10 d）。

（7）配料 将红辣椒粉、香辛料充分混匀，备用。将青菜头叶和玉米叶洗净、晾干，备用。竹篾丝进行漂烫、杀青后，晾干备用。

（8）装坛、封口 将第二次腌制后的半成品捞出，压榨沥干水分，再加入盐8%，并均匀撒入红辣椒粉、香辛料等，搅拌均匀后入坛层层压实后，坛口表面撒上少许白酒，先用干青菜头叶均匀平铺封口并压实，再用干玉米叶平铺封口并压实，然后用竹篾丝将玉米叶压实并绕坛内壁圈扎紧，使坛内物质不易脱出，再将整坛倒立置于陶盘中，陶盘加入清水使其处于密封状态，放置于避光、阴凉干燥处，进入第三次腌制和发酵阶段（一般需时30 d）。

（9）发酵及管理 每隔10~15 d检查一次陶盘内的清水，如有不足或未能漫过坛口，需补充清水，使其漫过坛口5 mm左右，以保持坛内与空气阻隔。每腌制发酵30 d，需将陶坛从陶盘中取出，立于干燥地面或桌面，检查坛口，用清水和抹布擦净霉霜（呈白色）、斑垢（呈黑色）后，再压紧坛口，又将其倒置于盛有清水的陶盘中继续发酵。全程发酵约需时80 d，榨菜发酵成熟即为成品。

五、产品质量评价

1. 感官指标
参考 GB/T 19858—2005，从色泽、滋味、形状、质地等方面制订感官评价表进行评价。

2. 理化指标
含盐量、含水量、总酸度、氨基酸态氮等指标，参考 GB/T 19858—2005 执行。

3. 微生物指标
参考 GB 2714—2015 执行。

六、注意事项

（1）从洗净到装入坛中的操作必须在24 h以内完成。

（2）清洗必须避免使用生水或者已经使用过的食盐水。

（3）榨菜坛在使用前应将空坛翻倒过来没在水中，确认没有气泡出来的方可使用。

七、问题与讨论

（1）什么叫"翻水""爆坛""霉口"现象，如何控制？

（2）比较川式榨菜和浙式榨菜工艺上的区别。

（3）如何防止榨菜胀袋？

（4）除了鲜青菜头，还有哪些材料可以用于涪陵传统榨菜的制作工艺？其原理是什么？

（5）请调查市场上的相似商品的风味及特征有哪些。

GB/T 19858—2005

GB 2714—2015

实验八 果脯的制作

一、实验目的

（1）了解食品添加剂的使用对果脯品质的影响。

（2）熟悉糖制的基本原理。

（3）掌握果脯制作的基本工艺。

二、实验原理

一次煮成法是果脯制作的常用方法，是将已处理好的果蔬原料置于糖液中一次性煮制而成。由于与糖液一起加热，果蔬组织因加热而疏松软化，原果胶分解成果胶，使纤维素与半纤维素之间松散，同时糖液因加热而黏度降低，分子活动增强，易渗入组织。细胞膜也是半透性膜，不仅能渗水，也能渗透电解质。

果脯的保藏作用主要表现为：① 高浓度和糖液产生高渗透压，使微生物产生质壁分离，从而抑制其生长发育；② 高浓度的糖液降低糖制品的水分活度，抑制微生物的活动；③ 糖液浓度越高，溶液及食品中含氧量越低，可抑制好氧微生物的活动，也有利于制品的色泽、风味及营养成分的保存。

三、实验材料及实验设备

1. 实验材料

苹果，胡萝卜，冬瓜，白砂糖，柠檬酸（食品级），$CaCl_2$（食品级），Na_2SO_3（食品级）。

2. 实验设备及用具

真空渗渍罐，不锈钢锅，烘箱，糖度计，菜刀，削皮刀等。

四、实验内容

1. 工艺流程

原料选择→预处理→护色→糖煮→浸渍→整形→烘干→回潮→包装→成品

2. 参考配方

苹果，胡萝卜，冬瓜各 3 kg，白砂糖 2 kg，柠檬酸 3 g，$CaCl_2$、Na_2SO_3适量。

3. 操作要点

（1）预处理、护色

① 苹果　将 3 cm 见方的苹果块放入 0.2% ~ 0.5% 的 Na_2SO_3 和 0.5% $CaCl_2$ 混合液中，真

空渗透 20 min 或直接浸泡 2~3 h，固液比为（1.2~1.3）∶1，进行硬化和硫处理，肉质较硬的品种只需硫处理，浸泡后捞出，用清水漂洗 2~3 次备用。

②胡萝卜　如糠心则挖去芯子，切成厚 1 cm、宽 4 cm 的长条，0.3% Na_2SO_3 浸泡 50 min，热烫 15 min，然后漂洗。

③冬瓜条　去皮掏瓤，切成 8 cm×2 cm×2 cm 的瓜条，然后在 0.5% $CaCl_2$ 溶液中真空渗透 30 min。

（2）糖煮　将 1 kg 白砂糖配成质量分数为 40% 糖液，倒入果块，加入 1% 柠檬酸，加热至沸腾，然后分 3 次将剩余白砂糖加入锅中，至果块透明，即可出锅。

（3）浸渍　出锅后继续糖渍 1 d，使糖液充分渗透到果蔬各部位。

（4）整形　将糖渍后的果蔬压扁，放在烘盘上。

（5）烘干　60~65 ℃烘至表面不粘手，含水量 18%，所需时间 18~24 h。

（6）回潮、包装　将烘好的果脯放在室内回潮 24 h，冷却后放入无毒塑料食品袋密封包装。

五、产品质量评价

色泽均匀一致，鲜亮透明，表面干燥，稍有黏性，不破不烂，不返糖，口感柔软，酸甜适口，原果味浓。

六、注意事项

（1）原料要选择成熟适度，耐煮制，不易褐变的果蔬原料。

（2）成品表面或内部产生糖结晶，这个现象我们称之为"返砂"。加工时可通过以下方式解决：① 糖制时适当加入柠檬酸，以保持糖液中含有机酸 0.3%~0.5%，使白砂糖适当转化。② 糖煮时，在糖液中加入部分饴糖（一般不超过 20%），或添加部分果胶，以增加糖液黏度，减缓和抑制糖的结晶。

（3）果脯中转化糖含量过高，在高温潮湿季节就会产生吸潮"流糖"现象，加工时要注意：糖煮时加酸不宜过分，煮制时间不宜过长，以防白砂糖过度转化。另外，烘烤时初温不宜过高，防止表面干结，使果脯内部的水分扩散出来。

（4）易褐变的果蔬原料可通过硫处理、热烫处理等方法来处理。

七、问题与讨论

（1）真空渗糖原理是什么？

（2）果脯制作中常见的前处理方法有哪些？比较其优缺点。

果脯与蜜饯的区别

实验九　果蔬脆片的制作

一、实验目的

（1）了解真空油炸果蔬脆片的质量评价方法。
（2）熟悉实验室果蔬切片、真空油炸和过滤设备，掌握其操作方法。
（3）掌握果蔬真空油炸的一般工艺过程。

二、实验原理

在低压条件下，果蔬中水分经食用油加热而汽化，使产品在较低温度下迅速脱水，而饱和度较高的油脂不仅能起到脱水加热的作用，也能起到起酥膨化的作用，从而使产品呈现出酥脆的口感。

三、实验材料及实验设备

1. 实验材料

香蕉，苹果，红薯，土豆，氢化植物油等。

2. 实验设备及用具

真空油炸机，漏勺，切片机等。

四、实验内容

1. 工艺流程

选料→清洗与整理→切片→真空油炸→过滤控油→包装→成品

2. 操作要点

（1）选料　选择外形完好、无腐败变质的香蕉、苹果、红薯和土豆。
（2）清洗与整理、切片　香蕉去皮，苹果，红薯和土豆用清水洗净，随后去皮，切成 3～6 mm 薄片。
（3）真空油炸　向干净的真空油炸锅中倒入氢化植物油预热，待油温升至 80 ℃ 时小心倒入切好的果蔬片，盖上密封盖，在 92～98.7 kPa、100 ℃ 下油炸至果蔬呈金黄色。
（4）过滤控油　卸真空、关真空油炸机，捞出脱水后的果蔬片并在漏勺中降温与控油。
（5）包装　密封包装为成品。

五、产品质量评价

成品色泽金黄，质地酥脆，具有油炸食品特有的香味和果蔬固有香气。

六、注意事项

（1）油温不易过高。
（2）掌握好进样量与食用油食用量。
（3）注意油炸时间，避免过度脱水。
（4）油炸前应尽量控干果蔬表面水分。

七、问题与讨论

（1）成品口感绵软的原因是什么？
（2）成品褐变严重的原因是什么？
（3）油炸用油为什么很快变得浑浊？

实验十　软糖的制作

一、实验目的

（1）了解软糖产品质量评价的方法。
（2）熟悉实验室软糖加工设备，掌握其操作方法。
（3）掌握软糖制作原理及工艺过程。

二、实验原理

软糖主要是以海藻胶和魔芋胶为胶体原料制作而成的。据现代科学测试分析，海藻胶的主要成分为海藻多糖，魔芋胶的主要成分为魔芋甘露聚糖，它们具有胶凝作用，用这两种物质制作的软糖具有良好的弹性、韧性及咀嚼性，同时它们还是一种优良的水溶性膳食纤维，能降低胆固醇及减肥，对人体具有保健作用。

三、实验材料与设备

1. 实验材料

海藻胶与魔芋胶复配的软糖粉，均为食品级；葡萄糖浆[42DE 还原糖（以葡萄糖计）占糖浆干物质的比例]，白砂糖，浓缩果汁（干固物 65 g/100 g），柠檬酸、柠檬酸钠、食用香精、食用色素等。

2. 实验设备及用具

化糖锅，熬糖锅，成型模具，浇注成型机，吹粉机、通风干燥箱，枕式包装机等。

四、实验内容

1. 工艺流程

混合胶→溶解→搅拌→加热 →溶胀→熬糖→调配→保温→浇模→干燥→筛糖→吹粉→拌砂→包装→检验→成品

2. 参考配方

葡萄糖浆 45.0 g，白砂糖 25.0 g，混合胶（质量比 1∶1 的海藻胶与魔芋胶）3.0 g，浓缩果汁 5.5 g，柠檬酸 1.0 g，柠檬酸钠 0.5 g，水 20.0 g，色素、香精适量。

3. 操作要点

（1）溶解、搅拌、加热、溶胀　在水中加入混合胶，用搅拌器均匀剪切搅拌，然后加热至 60 ~ 70 ℃，在不断搅拌情况下让胶液充分溶胀 1 h，必要时可过胶体磨，以便胶液更快溶胀，使其溶解均匀。

（2）熬糖　在化糖锅内将白砂糖加水溶化（水量为糖质量的 30%），再加入温热的葡萄糖浆和柠檬酸钠，煮沸后，用 80 目箩筛滤入熬糖锅，继续加热至沸腾，逐渐加入混合胶浆，边加边搅拌直至全部加入在熬糖锅内，熬糖温度控制在 105 ~ 120 ℃（1、4 季度控制在 105 ~ 110 ℃，2、3 季度 110 ~ 120 ℃）。

（3）调配、保温　当温度降至 90 ℃ 以下时，便可将香精、色素调入，最后加入浓缩果汁及柠檬酸溶液，强力搅拌 1 min，2 min 后趁热用软糖注模成型机注入预先准备好的木制淀粉模盘内（浇注前的物料如经真空脱气则更好）。

（4）浇模与干燥　浇模后应在表面覆盖淀粉，送入干燥室，保持温度在 40 ℃ 以下，进行抽湿定型，干燥 24 h，糖粒在粉模内排除水分，才能获得较强韧的硬度，最终含水量为 15 ~ 20 g/100 g。

（5）筛糖　用手工或筛糖机将干燥后的糖粒与淀粉分离，分离出来的淀粉要进行热烘，以便下次生产中再重复使用。

（6）吹粉与拌油　在吹粉机中，利用压缩空气将附着在糖粒表面的淀粉彻底吹干净，然后进入旋锅中加入糖果上光油进行抛光，即可进入下一道工序包装。

（7）包装与检验　果汁软糖包装主要有裸露糖体袋装和枕式包装两种形式。要求包装严密，防止糖果回潮，防止污染，以延长产品保质期。

五、产品质量评价

软糖具有良好的弹性、韧性和咀嚼性。

六、注意事项

（1）海藻胶与魔芋胶必须完全溶解。
（2）海藻胶与魔芋胶配比必须准确，以保证软糖的口感好，具有弹性、韧性及耐咀嚼性。
（3）柠檬酸，柠檬酸钠，香精，色素的使用量依据 GB 2760—2014。

七、问题与讨论

（1）海藻胶的特点是什么？
（2）魔芋胶的特点是什么？

10 GB 2760—2014

实验十一 硬糖的制作

一、实验目的

（1）学会分析硬糖制备过程中可溶性固性物含量、pH 值及温度的变化。

（2）掌握硬糖制作的基本工艺。

二、实验原理

硬糖是经高温熬煮而成的糖果。干物质含量在 97% 以上，糖体坚硬而脆，故称为硬糖。硬糖属于无定形非晶体结构，比重为 1.4～1.5，还原糖含量范围 10%～18%，入口溶化慢，耐咀嚼。

硬糖的制作原理是：在酸性条件下加热熬煮时，部分蔗糖分子水解而成为转化糖，连同加入的淀粉糖浆经浓缩后就构成了糖坯，糖坯是由蔗糖、转化糖、糊精和麦芽糖等混合物组成的非晶体结构。当把熬煮好的糖膏倒在冷却台后，随着温度降低，糖膏黏度增大，原来呈流体状的糖膏就成为具有可塑性的糖坯，最后成为固体。

硬糖的类别有水果味型、奶油味型、清凉味型以及控白、拌砂和烤花硬糖等。本实验以太妃糖为例介绍硬糖的制作。

三、实验材料及实验设备

1. 实验材料

白砂糖，麦芽糖，淡奶油，红糖等。

2. 实验设备及用具

电子台秤，炒锅，电磁炉，硬糖模具等。

四、实验内容

1. 工艺流程

称料→溶糖→熬糖→倒模→冷却→成品

2. 参考配方

白砂糖 90 g，麦芽糖 60 g，淡奶油 280 g，红糖 38 g。

3. 操作要点

（1）溶糖　将淡奶油，白砂糖和红糖一起放入锅中溶解，再加入麦芽糖。

（2）熬糖　中小火加热至沸腾，转小火，不断搅动，使糖液浓缩。

（3）倒模　糖液熬制一定程度，捞起成丝，入水成型，咀嚼脆裂即可开始倒模，需动作迅速。

（4）冷却　在模具中自然冷却，固化成型。

五、产品质量评价

糖体颜色均匀呈焦糖色，表面光滑，甜味适中，奶香浓郁，触摸不黏手。

六、注意事项

随着糖液浓度的提高，糖液的黏度越来越大，越到后期，浓糖液中的水分越难除掉，这就要求不间断的连续高温熬煮。若室温过高则需要放入冰箱使之成型。

七、问题与讨论

硬糖生产中，在熬糖阶段常采用连续真空熬糖设备，试分析其原因。

第二节 粮油类产品加工实验

实验一 面包的制作

一、实验目的

（1）了解面包的制作原理。

（2）理解糖、食盐、水等各种食品添加剂对面包质量的影响。

（3）熟悉面包制作仪器设备的使用方法。

（4）掌握面包的基本制作方法和关键操作步骤。

二、实验原理

面包是以小麦粉为主要原料，加以酵母、水、糖、食盐、鸡蛋、食品添加剂等辅料，经过面团的调制、发酵、醒发、整形、烘烤等工序加工而成。面团在一定的温度下经发酵，面团中的酵母利用糖和含氮化合物迅速繁殖，同时产生大量二氧化碳，使面团体积增大，结构疏松，多孔且质地柔软。

三、实验材料及实验设备

1. 食品材料

高筋面粉，活性干酵母，黄油，奶粉，白砂糖，食盐，黄油，鸡蛋等。

2. 实验设备及用具

打蛋器，醒发箱，烤箱，台秤，砧板，保鲜膜或纱布，面盆，烤盘，一次性桌布等。

四、实验方法

1. 工艺流程

高筋面粉→面团调制→发酵→整形（切块→称量→搓圆→静置→成型）→装盘→醒发→烘烤→冷却→包装→成品

2. 参考配方

高筋面粉 500 g，活性干酵母 7.5 g，黄油 40 g，奶粉 15 g，白砂糖 90 g，全蛋 2 个（约100 g）、食盐 3 g，水 200 mL。

3. 操作要点

（1）面团调制　先将白砂糖倒入少量水中，在 30 ℃ 左右时，放入活性干酵母溶解活化，调成无颗粒均匀的酵母液；加入鸡蛋，用筷子搅匀；加入盐；将面粉和奶粉一起过筛，慢慢加到面盆中，手工和面，根据情况适量加水；面团成型后，分次裹入黄油，手工揉面；在揉面过程中，可以用摔、搓、压、叠等各种动作相交替，以促使面筋尽快形成，一旦面筋开始形成，面团即变得不那么黏手了；面团完成时表面光滑，有弹性，整个面团调制过程 30 min 左右。

（2）发酵　搅拌好的面团放入容器内，覆盖保鲜膜发酵。发酵室的工艺参数：温度 28 ～ 30 ℃，相对湿度 70% ～ 75%，时间 2 h 左右。发酵完成时，面团可以达到原来的 2 倍大。

（3）整形　整形包括切块、称量、静置、成型的过程，在尽可能短的时间内完成。发酵完成后，在案板上撒上一些面粉，手也沾一些面粉，将面团置于在案板上，揉成长条形；按扁排气，分割成大小相等的等份；依次搓成圆形，搓圆是采用手工方法，将手心向下，五指稍微弯曲，用掌心夹住面团，向下倾压并在面板上顺着一个方向迅速旋转将面块搓成圆球状，也可进一步制作自己喜欢的花样，如辫子面包、牛角包、玫瑰花等，制作完成后置于刷油的烤盘上，再盖上保鲜膜让面团静置 10 min。

（4）醒发　送入醒发箱内醒发，醒发温度为 38 ～ 40 ℃，相对湿度为 80% ～ 90%，时间为 45 ～ 60 min；面团再次发酵至 2 倍大；也可以将面团放入烤箱，调节好温度，同时在烤箱中放一杯开水，这样可以加快面团的醒发速度。

（5）烘烤　在面包坯表面刷一层鸡蛋液，同时预热烤箱；若面包坯质量为 100 ～ 150 g，烤箱温度可定为入炉上火 180 ℃，下火 190 ℃，后同时升至 210 ～ 220 ℃，时间为 15 min 左右至面包金黄色即可。

（6）冷却与包装　出炉后面包自然冷却一段时间，温度达到 32 ℃ 左右可以包装，轻拿轻放，以免面包变形。

五、产品质量评价

（1）面包表面呈棕黄，色泽均匀一致，有光泽，无烤焦现象。

（2）外形整齐规则，表面外凸，切开观察内部气孔均匀细密，内质洁白，组织蓬松似海绵状，无生心。

（3）口味香甜柔软，有发酵的醇厚清香味道。

六、注意事项

（1）面包制作面团调制终点的判断很难掌握，小块面团充分延展即为面团调制终点，俗称"手套膜"，需要多次试验练习。

（2）发酵终点的判断，面团胀大为原来的 2 倍以上才行，注意发酵温度及湿度的调节。

（3）出炉后应充分冷却后，再进行离盘、切片、包装等操作，避免面包塌陷。

七、问题与讨论

（1）面团调制完成终点的判断方法都有哪些？

（2）面包成品体积小、发酸、无孔洞或孔洞不均等不良现象的原因都有哪些？

实验二　清蛋糕的制作

一、实验目的

（1）了解清蛋糕产品质量评价的方法。

（2）熟悉实验室焙烤食品加工设备，如电烤箱的工作原理，掌握其操作方法。

（3）掌握清蛋糕制作的一般工艺过程。

二、实验原理

清蛋糕是蛋糕的基本类型之一，它是以鸡蛋、小麦粉、糖为主要原料制成的，配料中基本不使用油脂，口味清淡，属于高蛋白、低脂肪、高糖分食品。清蛋糕多孔泡沫的形成主要依靠蛋白的搅打发泡性能，加入其中的糖能增加浆液的黏度，可起到稳定泡沫的作用。

三、实验材料及实验设备

1. 实验材料

蛋糕专用粉，鲜牛奶，鸡蛋，白砂糖，发酵粉，食盐，植物油，起酥油，葡萄干等坚果等。

2. 实验设备及用具

打蛋机，电烤箱，电子台秤，烤盘，模具，面盆，面粉筛，刮刀，油刷，羹匙等。

四、实验内容

1. 工艺流程

　　　　鸡蛋、白砂糖等　　蛋糕粉、牛奶、水等

　　　　　　　↓　　　　　↓

原料准备→搅打发泡→调制面糊→注模成型→烘烤→冷却→脱模→成品

2. 参考配方

鸡蛋5个（约250 g），面粉150 g，白砂糖100 g，牛奶50 g，水10 g，食盐、植物油、发酵粉适量。

3. 操作要点

（1）搅打发泡　准备两个面盆，用餐巾纸把水和油擦干净，整个操作过程中手不能沾水，把鸡蛋的蛋黄和蛋白分离，分别倒在两个面盆里。

①打蛋白 在蛋白液里面加入少许食盐，再加白砂糖，用打蛋器先低速搅拌，使白砂糖溶于蛋液里，然后换为中速搅打，使蛋液不断地充入空气，形成蛋-糖混合物的泡沫结构，打到干性发泡后停止搅打。整个过程根据蛋液量一般为 10 min 左右，干性发泡状似奶油，表现为蛋白已经发硬，把面盆倒过来，蛋白也流不下来。

②打蛋黄 在蛋黄液里面加牛奶、水、橙汁等配料，用筷子把这些材料搅打至均匀后停止搅打，然后加入打好的蛋白中，用筷子搅打至泡沫稳定，呈黏稠状时停止。

（2）调制面糊 蛋糕粉选择普通面粉、中筋、低筋面粉都可以，不能用高筋粉，蛋糕专用粉最好；将蛋糕粉，发酵粉一起过筛，以接触新鲜空气，同时也使结成团块的面粉疏松，易拌和；过筛后均匀地加入蛋液中，上下搅拌至均匀，不能用力画圈搅拌，搅拌时间也不能过长，以免形成过量的面筋，降低蛋糕糊的可塑性，从而影响注模及成品的体积。

（3）注模成型 用油刷将烤盘或者蛋糕模具轻轻刷上一层植物油，将调制好的面糊及时注入烤模中，入模量占模体积的 2/3 即可。

（4）烘烤 浇模后立即进行烘烤，一般炉温控制为 160～180 ℃，蛋糕熟制过程一般需要 10～20 min；快成熟时可以提高上火温度，使蛋糕上色。

（5）冷却与脱模 烘烤成熟后即可出炉，冷却一定时间后脱模，再冷却，即为成品。

五、产品质量评价

成品应色泽棕黄，色泽均匀一致，内部气孔分布较均匀，无大气孔，无生粉，无生心，蓬松柔软，富有弹性，口感绵软细腻，口味清淡香甜。针对各组产品，进行质量分析。

六、注意事项

（1）鸡蛋要新鲜，不新鲜的鸡蛋不能做到干性发泡，会导致实验失败。

（2）配方要适当。

（3）搅拌不要过度，以免生成面筋。

（4）把装了面糊的容器在桌上振几下，这样可以把大的气泡赶出来。

（5）电烤箱要提前预热。

（6）面糊调制好要及时入模烘烤，在操作中避免振动，防止面糊出现"跑气"现象。

七、问题与讨论

（1）蛋液不起泡的原因是什么？

（2）蛋糕膨胀体积不足的原因是什么？

（3）蛋糕在烘烤过程中出现下陷和底部结块的原因是什么？

实验三 广式月饼的制作

一、实验目的

（1）了解月饼的特性和有关食品添加剂的作用及使用方法。

（2）熟悉广式月饼制作的原理。

（3）掌握广式月饼的制作方法。

二、实验原理

在月饼生产中，制作的关键是饼皮，主要利用转化糖浆来进行面皮的生产。蔗糖在酸的作用下水解成葡萄糖与果糖即为转化糖浆，可代替淀粉糖浆和饴糖使用，它使月饼饼皮在一定时间内保持质地松软，并且由于它的焦糖化作用和褐变反应，可使产品表面成金黄色；另外，转化糖浆还起着维持饼体骨架及改善组织状态的作用。

三、实验材料及实验设备

1. 实验材料

低筋面粉，高筋面粉，色拉油，白砂糖，碳酸钾，碳酸钠，碳酸氢钠，莲蓉馅等。

2. 实验设备及用具

月饼模具，烤箱，刷子，和面机，台秤，烤盘，面盆，不锈钢锅，封口机等。

四、实验内容

1. 工艺流程

熬制糖浆→配料→和面→包馅→压模成型→烘烤→冷却→包装

2. 参考配方

面粉 1 kg，色拉油 0.3 kg，糖浆 0.7 kg，枧水 20 mL，饼馅 4.0 kg，鸡蛋 5 个

3. 操作要点

（1）饼皮的制作

①糖浆的熬制　糖和水的比例为 1∶0.3～0.5。将定量的水和白砂糖放入锅内，用大火煮沸，再改成小火熬制，当糖液温度为 105 ℃ 时熬制 5～10 min，即可出锅备用。

②枧水的配制　称取碳酸钾 50 g，碳酸钠 175 g，碳酸氢钠 25 g，用 750 mL 沸水溶解，冷却后使用。

③ 饼皮制作　按配方将糖浆、色拉油、枧水充分搅匀，移入和面机，过筛加入低筋面粉，混匀至表面光滑，盖上保鲜膜静置 1 h 左右。

（2）月饼制作　按 50 g 月饼用饼皮 10 g 和馅料 40 g 的比例制作。

① 分割　用刮刀将静置好的面团切割成相应的小份，并把馅分割成相应的小份。

② 包馅　将小份饼皮轻轻揉成圆形，放在掌心两手压平，放一份揉圆的馅，一只手轻推月饼馅，另一只手的虎口包拢月饼皮及馅，手掌轻推月饼皮，使月饼皮慢慢展开，直到把月饼馅全部包住，成为月饼球。

③ 压模成型　月饼模具中撒入少许干面粉（最好是高筋面粉），抹匀，把多余的面粉倒出。包好的月饼球也轻轻地抹一层面粉，把月饼球放入模具中，压模。

④ 焙烤　把烤盘洗干净，刷上一层薄油。然后制作蛋液。取蛋清，加入糖，少量的色拉油和水，搅拌均匀。烤箱预热至 240 ℃，在月饼表面轻喷一层水，放入烤箱 5 min，取出用毛刷刷全蛋液。烘烤 5 min 后再刷一次蛋液。最后再烤 7 min 左右，根据月饼的颜色调整焙烤时间。

⑤ 回油　月饼取出晾凉后，用密封袋封口，室温下放置 8 h 左右就好。刚烤完的月饼比较硬并不适合食用，回油后的月饼颜色会更加黄澄、香气浓郁、饼皮松软，这时才适合食用。回油时间长短取决于糖浆：一般糖浆比较好，月饼烤好后容易回油；如果糖浆不太好，烤好后会在两三天内回油。

⑥ 包装　戴上手套，将月饼放入托盘，放入包装袋内，并放入一包干燥剂，快速用封口机封口。

五、产品质量评价

1. 色　光

表面棕黄或金黄色有光，蛋液层薄而均匀，没有麻点和气泡，底部圆周没有焦圈，圆边应呈现黄色。如表面颜色深，圆边颜色过浅，呈现乳白色，则说明馅料含水分过高，久存容易引起脱壳和毒变。

2. 形　状

表面和侧面圆边微外凸、纹路清晰、不皱缩，没有裂边、漏底、露馅等现象，如表面突起中心下陷，侧面圆边凹进，是焙烤不熟的现象。

3. 外　皮

松软而不酥脆，没有韧缩现象。

4. 内　质

皮馅厚薄均匀，无脱壳和空心现象。

5. 口　感

应有正常的香味和各种花色的特有风味。

六、注意事项

（1）糖浆、枧水和生油必须混匀，否则成熟后会起白点；要注意掌握枧水用量，多则易烤成褐色，影响外观，少则难以上色；不要用力揉面，以免产生面筋。

（2）包馅技巧很重要，可以保证月饼烤好后皮馅不分离。

七、问题与讨论

（1）枧水的作用是什么？

（2）全蛋液的作用是什么？

实验四 黄油饼干的制作

一、实验目的

（1）了解黄油饼干制作的基本原理。

（2）掌握黄油饼干的基本制作方法和关键操作步骤。掌握烤箱等常规仪器设备的使用。

二、实验原理

黄油饼干是一种近似于点心类食品的甜酥性饼干，是饼干中配料最好、档次最高的产品，饼干结构比较酥软，膨松度大。配方中所含的油、糖比例高，调粉过程中先加入油、糖等辅料，进行搅拌，不需要打发，再加入小麦粉，混合均匀即得面团，冷冻成型，烘烤成品。

三、实验材料及实验设备

1. 实验材料

面粉，黄油，鸡蛋，糖粉等。

2. 实验仪器及用具

烤箱、烤盘、打蛋器、台秤（或电子秤）、面粉筛、擀面杖、硅油纸、模具等。

四、实验内容

1. 工艺流程

黄油软化→加糖粉搅匀→加蛋液搅匀→加面粉搅匀→面团冷冻→成型→烘烤→成品

2. 参考配方

低筋面粉 200 g，黄油 100 g，糖粉 54 g，全蛋液 40 g。

3. 操作要点

（1）黄油软化、加糖粉搅匀　黄油切成小块，室温软化后，加入糖粉，打蛋器打至黄油颜色变浅，细腻均匀即可，不需要打发。

（2）加蛋液　将全蛋液分次加入，每次都要搅拌均匀后再加下一次。

（3）加面粉　筛入低筋粉，用刮刀上下搅拌均匀，用手揉成光滑的面团（或者装入保鲜袋，轻轻揉成一团）。揉匀即可，注意不要搅拌过度以免起筋。

（4）冷冻面团　用擀面杖隔着保鲜袋把面团擀成 0.3 cm 厚的面片。放入冰箱冷藏 10 min，至面团僵硬。

（5）成型　去掉保鲜袋，在面坯上用叉子在擀好的面片上扎一些小孔，这样有助于饼干的蓬松和起酥。用饼干模具造型，将造型放在铺好油纸的烤盘里。

（6）烘烤　上下火，中层，170 ℃，15 min 左右。取出，晾凉，即成。

五、产品质量评价

外表金黄色，香气浓郁，甜度适宜，酥脆可口。

六、注意事项

（1）冰箱不同，根据实际情况对面坯冷藏的时间做出调整。

（2）烤箱不同，根据实际情况对烤制时间做出适时调整，最好烤制的时候在旁边观察，以防烤糊。

（3）饼干面坯一定要冻硬后才能制作，否则室温过高，制作时面团回软，会跟模具发生粘连状况。这时，可以放回冰箱里冻硬再做。此操作可重复进行。

（4）模具切好面坯放入烤盘后，不能随意挪动，容易变形。

（5）加入低筋粉后要采用掏底的切拌方法，上下搅拌；不要划圈搅拌，这样面粉容易起筋，影响口感。

（6）鸡蛋要达到室温才能使用。

七、问题与讨论

（1）饼干产品口感不同的原因是什么？

（2）无油纸的情况下如何进行烘烤操作？

（3）在此基础上，如何进行饼干改良，制得更多花色黄油饼干？

实验五 蛋挞的制作

一、实验目的

（1）了解混酥类点心的制作原理及其特点。

（2）掌握蛋挞制作工艺及操作要点。

二、实验原理

蛋挞即以蛋浆为馅料的点心。其做法是把饼皮放进小圆盆状的饼模中，倒入由砂糖及鸡蛋混合而成的蛋浆，然后放入烤箱中烘烤，烤出的蛋挞外层为松脆的挞皮，内层则为香甜的黄色凝固蛋浆。

其挞皮为混酥面团，混酥面团是以面粉为主，加入适量的油、糖、蛋、乳、疏松剂及水等调制而成的面团。其起酥原理为：由于混酥面团中加入糖、油等辅料的量很大，限制了面筋的形成，同时因面团调制中加入了油脂，混进了部分空气，再加上疏松剂的作用，从而使混酥制品达到松、酥、脆、香的效果。

三、实验材料及实验设备

1. 实验材料

中筋面粉，低筋面粉，食盐，黄油，片状黄油，水，动物性淡奶油，牛奶，细砂糖，蛋黄，炼乳。

2. 实验设备及用具

冰箱，擀面杖，烤箱，蛋挞模具等。

四、实验内容

1. 工艺流程

原料准备→面团调制→成型→入模→烘烤→脱模→冷却→成品

2. 参考配方

（1）挞皮材料（此配方大约可做挞皮 10 个）

① 面团材料　中筋面粉 150 g，盐 3 g，黄油 22 g，水 75 g。

② 裹入用油　片状黄油 75 g。

（2）挞水材料（此配方大约可做蛋挞 10 个）

动物性淡奶油 110 g，牛奶 75 g，白砂糖 30 g，蛋黄 2 个，炼乳 8 g，低筋面粉 8 g。

3. 操作要点

（1）面团调制 面粉加盐混合均匀，加入黄油块（不需要软化）；用手将面粉和黄油搓成碎屑状；加入水拌匀。揉成光滑的面团，盖上保鲜膜，冷藏松弛 1 h。

在面团冷藏的最后 10 min，将软化的片状黄油用擀面杖擀压成厚薄均匀的一大片薄片。

（2）成形 取出冷藏好的面团，擀成长方形；将擀薄的片状黄油放在面皮上，再将另一半面皮覆盖上，捏紧收口，将黄油片包好，顺一个方向将面团擀长。将两边各 1/3 处向中间折，完成第 1 次 3 折。再将面团顺折的方向擀长，再进行第 2 次 3 折，然后放入冰箱冷藏松弛 1 h；将冷藏松弛后的面团顺折线第 3 次擀长，进行第 3 次 3 折；再次顺折线将面团擀开成长方形面片。面片上刷薄薄一层水，从上向下将面皮卷起成圆柱形；用刀切成 20 ~ 25 g 的小面团。

（3）入模 将面团稍压扁，放入抹了软化黄油的蛋挞模具中。用手指将面团贴合蛋挞模具，慢慢向上推开，直到面团覆盖满模具，并且挞皮高出模具。将淡奶油加牛奶、炼乳搅拌均匀，加入白砂糖加热至糖融化，放凉备用。蛋黄拌匀，将混合好的奶液加入蛋黄中，搅拌均匀，过筛。将挞水盛入挞皮中，大约七分满。

（4）烘烤 烤箱 200 ℃ 预热，中层，上下火，烤约 25 min；烤至挞皮呈金黄色，蛋挞中有焦黄色点即可。

（5）冷却 冷却至室温。

五、产品质量评价

1. 形 态

完整无缺损，无粘连，无塌陷，无收缩，蛋挞皮有层次，酥脆，蛋浆表面光滑，反倒时蛋浆不流动，有蛋黄颜色和香味。

2. 色 泽

蛋挞皮呈金黄色至棕红色，无焦斑，剖面蛋黄，色泽均匀。

3. 滋 味

甜度适中，有浓郁的奶香味，蛋香味及蛋挞应有的风味，无异味。

4. 组 织

细腻，松软有弹性，切面气孔大小均匀，纹理清晰，蛋浆呈黏糊状，无明显的流动现象，无糖粒，无粉块，无杂质。

六、注意事项

（1）片状黄油含水量比普通黄油要低，所以更适合开酥使用，但也可以用普通的黄油制作。

（2）片状黄油的软化程度应和冷藏后面团的软硬程度相似。

七、问题与讨论

（1）如何制作不同口味的蛋挞？

（2）若制作的成品蛋挞皮不够酥脆，分析可能存在的问题。

实验六　方便米粉的制作

一、实验目的

（1）了解方便米粉评价的方法。
（2）掌握方便米粉制备的一般工艺流程。

二、实验原理

米粉是近几年来新兴的一种方便食品。米粉是以大米为原料，经浸泡、粉碎、蒸煮和压条等工序制成的条状、丝状米制品。米粉质地柔韧，富有弹性，具有不糊汤、不易断等特性，其风味独特、口感嫩滑广泛流行国内外。

三、实验材料及实验设备

1. 实验材料

晚籼米，粳米，马铃薯变性淀粉，粉头子（不合格的米粉碎条），单硬脂酸甘油酯（简称单甘酯）等。

2. 实验设备及用具

粉碎机，混合机，高压蒸汽锅，烘干房，剪刀等。

四、实验内容

1. 工艺流程

原料配比→除杂洗米→浸泡→粉碎→混合→榨粉→复蒸→梳理→烘干→切割→包装

2. 参考配方

晚籼米 50%、粳米 40%、马铃薯变性淀粉 5%、粉头子 4.7%、单甘酯 0.3%。

3. 操作要点

（1）除杂洗米　按比例配合好大米，除杂，洗净，保证产品质量。
（2）浸泡　浸泡时间以 2~4 h 为宜，一般水分含量不超过 30%。
（3）粉碎　粉碎后的大米粉末应通过 60~80 目的网筛。
（4）混合　按配方将物料和一定量水混合，单甘酯用冷水调成糊状后加入；开启混合机充分搅拌，最后要求粉料均匀，含水量一致，手捏成团，撞击能散成小块状。

（5）榨粉 将粉状的大米通过榨粉机制成条状的米粉；从榨粉机出来的米粉丝要按适当的长度剪切，一般长度为 1.4 ~ 1.5 m；新挤出的米粉丝先凉一下，直到粉丝间相互不粘连即可。

（6）复蒸 大米淀粉再进行 1 次熟化过程，使其表面进一步糊化，然后再烘干；复蒸一般都采用高压复蒸锅，温度超过 100 °C，高温、高压可以缩短蒸粉时间（ 105 °C/5min）。

（7）梳理 梳条时，先将粉丝放入冷水中浸湿一下，用手把粘连的米粉丝搓散，使每根米粉丝之间不粘在一起，即可进行烘干。

（8）烘干 为了保证米粉的质量，工业生产多采用索道式烘房。烘干的调节要视季节、空气温度、湿度等具体情况灵活掌握。

（9）切割 将烘干后的米粉切割成长度一般为 25 ~ 30 cm 的段。

（10）包装 一般采用塑料袋密封包装。通常每袋的重量规格有：250 g/袋、350 g/袋、450 g/袋。在装袋前先进行人工分检，把条形不直的、有斑点的、长短不一的挑出来作为次档米粉条处理。

五、产品质量评价

（1）色泽呈乳白色，透明，有光泽。

（2）气味正常，无酸味，霉味及其他异味。

（3）烹调时不烟汤，吃时不粘牙，柔软爽口有咬劲。

六、注意事项

（1）检查浸泡效果，用拇指与食指按压米粒，能搓碎且无颗粒感即达到要求。

（2）大米经粉碎后，含水量往往偏低，不利于榨粉工序质量的保证，应根据工艺需要适当添加一点水分。

（3）榨粉工序实际就是熟化和挤丝成型过程。所以一定要合理控制熟化程度，榨出来的粉既不能太生，又不能太熟。太生时，榨出来的米粉韧性差、断条率高。太熟时，挤丝不顺畅，容易粘连，不利于后序的处理。

七、问题与讨论

（1）米粉糊汤的原因是什么？

（2）米粉易断的原因是什么？

实验七　啤酒的制作

一、实验目的

掌握啤酒酿造的基本原理和酿造工艺。

二、实验原理

啤酒是人类最古老的酒精饮料，是水和茶之后世界上消耗量排名第三的饮料。啤酒于 20 世纪初传入中国，属外来酒种。其制作是以小麦芽和大麦芽为主要原料，并加啤酒花，经过液态糊化和糖化，再经过液态发酵而酿制成的。其酒精含量较低，含有二氧化碳，富有营养。它含有多种氨基酸、维生素、低分子糖、无机盐和各种酶。啤酒中的低分子糖和氨基酸很易被消化吸收，在体内产生大量热能，因此啤酒往往被人们称为"液体面包"。

根据生产工艺中是否需要经过巴氏杀菌可以将啤酒分为鲜啤酒和熟啤酒；根据啤酒的颜色，可分为淡色啤酒、浓色啤酒和黑色啤酒；按酵母性质分类是世界公认的啤酒分类方法，可分为顶部发酵和底部发酵啤酒。

三、实验材料及实验设备

1. 实验材料

大麦芽，大米，酒花，啤酒活性干酵母、硅藻土等。

2. 实验设备及用具

粉碎机，发酵罐，储酒罐，pH 计，糖度计，过滤机等。

四、实验内容

1. 工艺流程

原料粉碎→糖化→过滤→加酒花煮沸→前期发酵→后发酵→过滤→灭菌→灌装→成品

2. 操作要点

（1）原料粉碎　采用湿法粉碎，将麦芽投入连续湿法粉碎机加料口，设置浸麦温度 60 ℃、调浆温度 42 ℃，料水比 1∶4，粉碎后将料浆泵入糖化锅。

（2）糖化　采用浸出糖化法工艺，加热方式采用夹套蒸汽加热，糖化期间分为 4 个阶段：第 1 阶段：加热到 39 ℃，然后恒温保持 30 min；第 2 阶段：蒸汽加热到 52 ℃，恒温保持 40 min；第 3 阶段：温度升到 64 ℃，恒温保持 1 h；然后用碘液检验糖化程度，如果变蓝，说明需要继续糖化；反之，则糖化完全；第 4 阶段：碘检合格，升温至 78 ℃，维持 15 min。糖化升温要求：1 min 升高 1～1.5 ℃，升温过程糖化锅搅拌持续开启，转速 15～20 r/min。

（3）过滤　糖化结束后，提升过滤槽刮板，打开糖化搅拌，将糖化醪液通过导醪泵泵入过滤槽，开启过滤搅拌 2 min，静置 20 min，当形成稳定的过滤层后进行回流操作，开始回流时泵速调到最大，间隔 10 s 转速降低 10 r/min，最后稳定在 15～20 r/min，回流 5 min 后，通过视镜观察麦芽汁的澄清度；如果麦汁澄清，则泵入煮沸锅中；然后 2～3 次洗槽，回流至澄清，再泵入煮沸锅。

（4）加酒花煮沸　第二道过滤麦汁完成后，开启煮沸锅蒸汽开始加热，洗槽后的麦汁完全液泵入煮沸锅中后，麦汁煮沸后 10 min 时加第 1 次酒花 20 g；20 min 后加入第 2 次酒花 40 g；煮沸结束前 10 min，加入第 3 次酒花 20 g；恒温煮沸 60～70 min。调节煮沸蒸汽压力，控制煮沸强度在 8%～10%。

（5）前期发酵　添加传代 2～3 代酵母，满罐酵母数为 $1.0×10^7$～$1.5×10^7$ 个/mL。满罐必须在 24 h 内完成。满罐 24 h 排放一次底部沉淀物。最高发酵温度 10 ℃，降糖速度 1.5～2.0 °P，维持 2～3 d。

（6）后发酵　降温至 6～7 ℃进入储酒阶段，进行双乙酰还原。当外观糖度降至 3.5～3.8 °P 时封罐，升压 0.10～0.12 MPa。双乙酰还原至 0.07 mg/L 以下时，降温至 5 ℃，保温 24 h，排放酵母。再降温至 0～1 ℃，保温 7～10 d，过滤前 24 h 排净罐底部沉淀物，待过滤。

（7）过滤　将啤酒降温至 0.1 ℃，经硅藻土过滤，过滤后的啤酒应清亮透明。

（8）灭菌　根据啤酒的种类有所不同。熟啤酒：60～65 ℃热水蒸煮 30 min 即可。鲜啤酒：不需要巴氏灭菌；纯生啤酒：不经过巴氏灭菌，但需经过无菌过滤处理。

（9）灌装　如需灌装，必须采取隔氧及排氧措施。

五、产品质量评价

1. 理化指标分析

参考 GB/T 4928—2008 啤酒分析方法进行分析测定。

2. 感官评价

（1）色泽　金黄色，清亮透明，无明显悬浮物、沉淀物。

（2）香气　有纯正酒花或麦芽香气，无其他异香。

（3）泡沫　泡沫丰富，洁白细腻，持久挂杯。

（4）口味　口味纯正，无邪杂味，醇厚，刹口力强，酒体协调。

六、注意事项

（1）软水适于酿造淡色啤酒，碳酸盐含量高的硬水适于酿制浓色啤酒。

（2）双乙酰被认为是衡量啤酒成熟与否的决定性指标，双乙酰的味阈值为 0.1～

0.15 mg/L，在啤酒中超过阈值会出现馊饭味。可针对以下条件控制和消除双乙酰：选择双乙酰产量低的菌种；严格控制麦汁成分，如 α-氨基 N、溶解氧含量等；酿造用水残余碱度应低于 1.78 mmol；控制酵母增殖速度；外加 α-乙酰乳酸脱羧酶等。

（3）挥发性硫化物对啤酒风味有重大影响，其中硫化氢、二甲基硫对啤酒风味的影响最大。

（4）包装过程中应尽量避免与空气接触，并减少酒中二氧化碳的损失，严格无菌操作，防止啤酒污染，确保啤酒符合卫生标准。

七、问题与讨论

（1）酒花在啤酒酿造中起的作用是什么？

（2）影响啤酒泡沫的因素有哪些？如何改进啤酒泡沫质量？

啤酒

GB/T 4928—2008

GB/T 4927—2008

实验八　曲奇饼干的制作

一、实验目的

掌握曲奇饼干生产的基本原理及工艺流程。

二、实验原理

曲奇饼干是以小麦粉、糖、糖浆、油脂、乳制品为主要原料，加入其他辅料，经冷粉工艺调粉，采用挤注或挤条、钢丝切割或辊印方法中的一种形式成型，烘烤制成的具有立体花纹或表面有规则波纹的酥性饼干。饼干结构比较紧密，膨松度小，由于油脂含量高，产品质地极为疏松，给人入口即化的感觉。调粉过程中先加入油、糖等辅料，在低温下进行搅打，然后加入小麦粉，使面团中的面筋蛋白进行限制性涨润，从而得到弹性小、光滑而柔软、可塑性极好的面团。

三、实验材料及实验设备

1. 实验材料

低筋小麦粉，鸡蛋，黄油，细砂糖，糖粉，香草精。

2. 实验设备及用具

烤箱，烤盘，台秤，面盆，打蛋器，操作台，橡皮刮刀，中型挤料袋，中型花嘴。

四、实验内容

1. 工艺流程

黄油软化→加细砂糖、糖粉→加蛋液→调粉→安装花嘴→挤压成型→烘烤→冷却成型→成品

2. 参考配方

低筋面粉 200 g，黄油 130 g，细砂糖 35 g，糖粉 65 g，鸡蛋 50 g，香草精 1.25 mL。

3. 操作要点

（1）黄油软化　黄油切成小块，室温使其软化。用打蛋器搅打至顺滑。

（2）加入细砂糖、糖粉　黄油中加入细砂糖和糖粉，继续搅打至黄油顺滑，体积稍有膨大。

（3）加蛋液　分 3 次加入打散的鸡蛋液，每一次都要搅打到鸡蛋与黄油完全融合再加下一次。搅打完成后，黄油应呈现体积蓬松，颜色发白的奶油状。

（4）调粉　加入香草精，搅打均匀。分 2~3 次筛入低筋面粉。用橡皮刮刀或者扁平的勺子，把面粉和黄油搅拌均匀，直到面粉全部湿润即可，不要过度搅拌。

（5）挤压成型、烘烤　将面糊装入挤料袋，挤在烤盘中，即可放入预热好的烤箱烤焙。烤箱中层，190 ℃，10 min 左右。

五、产品质量评价

（1）外形完整，花纹清晰，大小均匀，饼体无连边；颜色呈金黄色、棕黄色，色泽基本均匀。

（2）奶香浓郁，无异味；口感疏松，不黏牙。

（3）断面细密多孔，无较大空洞，无油污，无不可食用异物。

六、注意事项

（1）调粉时少量多次加蛋液，避免油水分离。

（2）面粉过筛，口感更为细腻。

（3）挤料之前烤盘要先涂抹一薄层植物油。

七、问题与讨论

（1）为什么曲奇饼干面团调粉时要先加入油、糖、蛋等辅料并进行搅打，然后加入小麦粉？

（2）为何多次加入蛋液可避免油水分离？

粗砂糖、细砂糖、糖粉的区别

实验九　油炸麻花的制作

一、实验目的

（1）了解油炸麻花评价的方法。

（2）掌握油炸麻花的一般工艺过程。

二、实验原理

麻花是中国的一种特色油炸面食小吃，有甜和咸两种味道。各地麻花各具特色，山西稷山以咸香油酥出名，湖北崇阳以小麻花出名，天津以大麻花出名。做法均是以两三股条状的面拧在一起用油炸制而成。麻花可以作为早餐，又可以作为休闲零食，受到广大消费者喜爱。

三、实验材料及实验设备

1. 实验材料

面粉，植物油，白砂糖，泡打粉，牛奶等。

2. 实验设备及用具

保鲜膜，切刀，油炸锅等。

四、实验内容

1. 工艺流程

配料→和面→醒面→切条→造型→油炸→成品

2. 参考配方

面粉 250 g，鸡蛋 1 个，泡打粉 3 g，白砂糖 65 g，植物油 4 g，牛奶 65 g。

3. 操作要点

（1）配料　把鸡蛋液打匀，加入白砂糖、植物油、牛奶调成汁，然后把调好的汁倒入面粉和泡打粉中。

（2）和面　使面粉和汁液均匀混合。

（3）醒面　面和好后，揪成小面团，然后刷上一层油，盖上保鲜膜，醒发 40 min。

（4）造型　将面团搓成细条状，两手向相反方向搓，然后提起两头，面条会自动拧在一起，再放到案板上，重复一两次，或根据个人喜好造型。

（5）油炸　小火，炸成金黄色，捞出，炸好后放凉。

五、产品质量评价

色泽光亮，无焦煳，不夹生，无异味，口感酥脆，甜而不腻。

六、注意事项

（1）面团一定要醒好，否则麻花口感很硬。

（2）油炸时注意油温，避免面团焦煳。

七、问题与讨论

不同地区麻花制作工艺有何不同？

实验十 发酵饼干的制作

一、实验目的

（1）了解发酵饼干面团形成的基本原理和调制方法。

（2）熟悉发酵饼干产品质量评价方法。

（3）掌握发酵饼干的制作工艺。

二、实验原理

发酵饼干是利用生物膨松剂——酵母与化学疏松剂相结合制作的饼干。酵母在生长繁殖过程中产生的二氧化碳，使面团胀发，在烘烤时二氧化碳受热膨胀，再加上酥油的起酥效果，形成疏松的质地和清晰的层次。面团经过发酵，其中的淀粉和蛋白质分解成为人体易消化吸收的低分子营养物质，使制品具有发酵食品特有的香味。由于化学疏松剂的作用，制品表面有较均匀的起泡点，又因含糖量极少，所以表面呈乳白色略带微黄色泽，口感松脆。

三、实验材料及实验设备

1. 实验材料

小麦粉，起酥油，鲜酵母，饴糖，磷脂，猪油，柠檬酸，食盐，抗氧化剂（抗坏血酸钠），水等。

2. 实验设备及用具

调粉机，电烤炉，烤盘，起酥机，打孔拉辊，台秤，面盆，操作台，饼干模具，刮刀，切刀等。

四、实验内容

1. 工艺流程

磷脂、食盐、起酥油、抗氧化剂、柠檬酸、水、小麦粉

↓

小麦粉、鲜酵母、饴糖、水→第一次调粉→第一次发酵→第二次调粉→

第二次发酵→辊轧→成型与装盘→烘烤→冷却→成品

↑

食盐、小麦粉、猪油

2. 参考配方

（1）第一次调粉　小麦粉（强力粉配 1/3 弱力粉）（85 g+28 g），鲜酵母（5 g），饴糖（12.5 g），水（55 g）。

（2）第二次调粉　小麦粉（弱力粉）（113 g），食盐（1 g），小苏打（1.5 g），起酥油（37.5 g），磷脂（2.5 g），抗坏血酸钠（0.00625 g），柠檬酸（0.0125 g），水（37.5 g）。

（3）油酥　小麦粉（弱力粉）（25 g），猪油（6 g），食盐（3 g）。

3. 操作要点

（1）预处理　将酵母加水制成悬浊液；油酥按配方加料用调粉机搅拌备用。

（2）第一次调粉　将第一次调粉用料放入调粉机，加水进行调制，低速 2 min，中速 3 min，面团温度为 28～30 ℃。

（3）第一次发酵　将调制好的面团放入温度为 30 ℃、相对湿度 80% 的发酵箱中，发酵 5～8 h。发酵完成时面团的 pH 下降到 4.5～5.0。

（4）第二次调粉　将发酵面团和其他材料放入调粉机内，加水进行调粉，低速 3 min，中速 3 min，面团温度 28～31 ℃。注意小苏打应在调粉接近终点时加入。

（5）第二次发酵　将调至好的面团放入温度为 30 ℃、相对湿度 80% 的发酵箱中，发酵 3～4 h。

（6）辊轧　发酵后的面团放在起酥机上进行辊轧，最终使面皮厚度达到 2.5～3.0 mm。

（7）成型与装盘　将辊轧好的面带平铺在操作台上，用打孔拉辊在面带上打孔，然后使用饼干模具制作各种形状的饼干坯，或使用带花纹的切刀切成相同形状、相同大小的饼干坯；再将成型后的饼干坯均匀摆放在烤盘上。

（8）烘烤　采用前期上火温度降低下火温度较高，然后逐渐增加上火温度的烘烤方法，前期上火温度为 180～200 ℃，下火温度为 210～230 ℃，后期上火温度逐渐增加到 220 ℃，烘烤 4～6 min。

（9）冷却　在 25 ℃ 的室温下，使产品自然冷却至 38～40 ℃。

五、产品质量评价

（1）外形完整，有比较均匀的油泡点，厚薄均匀，不收缩，不变形，呈浅黄色或谷黄色，色泽基本均匀。

（2）咸味适中，具有发酵制品应有的香味及该品种特有的香味；无异味，口感酥松或松脆，不粘牙。

（3）断面结构层次分明，无油污，无不可食用异物。

六、注意事项

（1）第二次调粉时，小苏打应在调粉接近终点时加入。

（2）注意控制两次发酵的时间，发酵不充分饼干不松脆，发酵时间太长面团会产生酸味，也会变的粘连，不容易操作。

七、问题与讨论

（1）为什么发酵饼干面团两次调制时间都比较短？

（2）发酵饼干面团两次发酵的目的是什么？如何判断发酵的终点？

（3）发酵饼干面团辊轧过程中应注意哪些事项？

实验十一 韧性饼干的制作

一、实验目的

（1）了解并掌握韧性饼干的制作原理和制作方法。
（2）理解韧性饼干制作与其他饼干的区别。

二、实验原理

韧性饼干在国际上称为硬质饼干，一般使用中、高筋小麦粉制作，面团中油脂与白砂糖的比例较低，油、糖比例一般为1∶2.5左右，油、糖总量与小麦粉质量之比为1∶2.5左右。其印模造型大部分为凹花，其外观光滑，表面平整，印纹清晰，断面结构有层次，咀嚼有松脆感，耐嚼，表面有针眼；韧性产品因需长时间调粉，以形成韧性极强的面团而得名。

韧性面团俗称热粉，此种面团在调制完成后具有比酥性面团较高的温度。在调制过程中经历了两个阶段：第一阶段使面粉在低速搅拌下充分吸水胀润，初步形成面团，然后面团在调粉机的作用下不断地揉捏、摔打，和配方中其他物质分子结合，形成结实的网状结构，使面团具有最佳的弹性和伸展性；第二阶段继续搅拌，不断撕裂、切割和翻动已经形成的湿面筋，使其逐渐超越弹性限度，从而使弹性降低，面筋吸收的水分析出。这样面团就变得较为柔软，弹性下降，并具有一定的可塑性。

三、实验材料及实验设备

1. 实验材料

高筋面粉，奶粉，白砂糖，鸡蛋，黄油，植物油，牛奶，小苏打等。

2. 实验设备及用具

电烤箱，烤盘，模具，电子台秤，操作台，面盆，面粉筛，刮刀，油刷，擀面杖，羹匙等。

四、实验内容

1. 工艺流程

原料准备→过筛混合→揉面→静置→辊轧→成型→烘烤→冷却→包装→成品

2. 参考配方

富强粉（或高筋面粉）200 g，奶粉20 g，白砂糖60 g，鸡蛋15 g，黄油16 g，植物油

15 g，牛奶 70 g，小苏打 2.5 mL（1/2 小勺）。

3．操作要点

（1）过筛混合　面粉、奶粉、糖粉、小苏打混合过筛后，加入打散的鸡蛋、植物油、软化的黄油、牛奶。

（2）揉面　用手揉成面团，将面团放在案板上，用力揉、搓、摔、捏，使面团里的面筋逐渐形成。当抻开面团，面团能形成一层薄膜的时候，表示面筋已经实现扩展。继续揉面，使面筋达到最强韧的结构。这时候的面团具有最好的弹性，面团的表现为软硬适中，表面具有漂亮的光泽。

继续揉面，使面团逐渐进入"回软阶段"。已经形成的面筋无法承受继续不断的揉搓，网状结构瓦解，面团明显变软。用手拉伸面团时，面团表现出"拉而不断"的特性。将长条面团掐断以后，面条不会回缩。再次抻开面团，已经无法再形成薄膜。把面团撕开，面团内部结构类似牛肉丝，标明面筋已经断裂，揉面完成。

（3）静置　揉好的面团，放在操作台上松弛 15 min。

（4）辊轧　操作台上撒薄面防粘，将面团擀开至 0.2 cm 厚。用叉子在面团上叉出细密的小孔，然后用饼干模具刻出饼干模型或者切成小方块。

（5）摆盘　将刻好的饼干面团摆在烤盘上，每个面团留出一定空隙。刻完饼干剩下的边角料，可以重新揉成面团擀开再次使用。

（6）烘烤　放入预热好的烤箱中，中层，上下火 180 ～ 220 ℃，烘烤 8 ～ 10 min，直到饼干表面变成金黄色。

（7）成品　将饼干取出晾凉后密封保存。

五、产品质量评价

1．形　态

外形完整，花纹清晰，厚薄基本均匀，不收缩，不变形，不起泡，不得有较大或较多的凹底。特殊加工品种表面允许有砂糖颗粒存在。

2．色　泽

呈棕黄色或金黄色或该品种应有的色泽，色泽基本均匀，表面有光泽，无白粉，不应有过焦、过白的现象。

3．滋味与口感

具有该品种应有的香味，无异味，口感松脆细腻，不粘牙。

4．组　织

断面结构有层次或呈多孔状，无大孔洞。

5. 杂 质

无油污，无异物。

六、注意事项

（1）如条件允许，可使用调粉机代替手工调制面团，使用起酥机代替擀面杖辊轧。

（2）揉面不均匀会导致饼干变形。

七、问题与讨论

（1）面团调制终点的标志是什么？

（2）制作韧性饼干与其他饼干的主要区别是什么？原因是什么？

实验十二 醪糟的制作

一、实验目的

（1）了解根霉、米曲霉糖化的原理和酵母菌发酵糖化产物的原理。

（2）熟悉传统醪糟制作的基本原理和固态发酵的一般过程。

二、实验原理

醪糟又称甜米酒、酒酿，是将糯米或大米经过蒸煮糊化，再接种酒药发酵而成的。其中起主要作用的是酒药中的根霉和酵母两种微生物。根霉是藻菌纲、毛霉目、毛霉科的一属，它能产生糖化酶，将淀粉水解为葡萄糖，将蛋白质水解成氨基酸。根霉在糖化过程中还能产生少量的有机酸（如乳酸）。酒药中少量的酵母菌，则利用根霉糖化淀粉所产生的糖酵解为酒精，从而赋予醪糟特有的香气、风味和丰富的营养。

三、实验材料及实验设备

1. 实验材料

糯米，酒药等。

2. 实验设备及用具

台秤，恒温培养箱，煮锅，浸米桶（或塑料桶），筲箕，簸箕，蒸米装置（蒸汽发生灶，蒸格，纱布），发酵容器。

四、实验内容

1. 工艺流程

糯米→淘洗→浸泡→蒸饭→淋饭→冷却→拌药接种→落缸搭窝→恒温发酵→后熟→成品。

2. 参考配方

糯米 1 kg，酒药约 3.5 g。

3. 操作要点

（1）淘洗、浸泡　将糯米淘洗干净，用水浸泡 12～24 h。

（2）蒸饭　将滤干水分的糯米置于有滤布的蒸笼上，锅内上大汽后蒸 15～20 min，要求饭粒熟而不烂，饭粒完整。

（3）淋饭、冷却　加少许冷开水淋洗糯米饭，边淋边拌，使米饭迅速冷却至 30 ℃ 左右。

（4）拌药接种　按干糯米的重量换算接种量（0.35%）；将酒药均匀地撒在冷却的糯米饭中（稍微留下一点酒曲最后用），或用冷开水搅匀后均匀撒布在糯米饭中，拌匀。

（5）落缸搭窝　将拌好酒药的米饭装入容器后（不能压太紧），将饭粒搭成中心下陷的凹窝（中间低、周围高）；饭面和凹窝中均匀撒上少许酒药，倒入少量的冷开水，盖上盖子或保鲜膜。

（6）恒温发酵　28 ℃ 培养 24 ~ 48 h，可见米饭表面大量菌丝体延伸，米饭黏度逐渐下降，糖化液慢慢溢出。当窝内甜液高度达饭堆的 2/3 时，可适当进行搅拌，再发酵 1 d 左右即可。

（7）后熟　发酵后醪糟已初步成熟，但口味不佳，须在 5 ~ 10 ℃ 较低温度下放置 2 ~ 4 d 进行后发酵，以减少酸味，使口感柔和，提高甜度和酒香味。

五、产品质量评价

色泽洁白，米粒分明，酒香浓郁，甜醇爽口。

六、注意事项

（1）整个过程一定要注意卫生，不可沾生水和油。

（2）如果发酵过度，糯米内部变空，醪糟酒味过于浓烈。如发酵不足，糯米有生米粒，甜味与酒味不足。如拌酒药，加水过多，糯米内部也是空的，不成块。

七、问题与讨论

（1）如果发现制成的酒酿上有白色的毛状物，是否意味着污染了杂菌？

（2）如有白膜或不同颜色的菌斑，能否食用？

醪糟

实验十三　腐乳的制作

一、实验目的

（1）掌握纯种发酵法制作豆腐乳的原理和方法。

（2）掌握腐乳的制作工艺，观察豆腐乳发酵过程中的变化，提升发酵食品制作的综合实验能力和解决问题的能力。

二、实验原理

腐乳是将大豆制成的白豆腐坯经接种毛霉或根霉（少数为细菌）发酵，后经过腌制、加料、后熟等工艺而制成的一类发酵豆制品。

腐乳的发酵过程涉及多种微生物，这些微生物在特定的盐醇溶液中处于一种动态的平衡之中，多种微生物的协同作用促进了蛋白质、糖类、脂类等物质的降解，促进了风味物质的形成。

主要保藏原理：加盐腌制，因水分析出，盐坯含水量下降，在后期发酵期间不易散烂。食盐还有防腐能力，可防止后期发酵期间腐败菌的污染。高浓度的食盐对蛋白酶有抑制作用，使蛋白质的水解较为缓慢，有利于香气的形成。

三、实验设备与材料

1. 实验材料

豆腐，毛霉菌种，食盐，白酒，红曲米粉，辣椒粉，花椒，陈皮，桂皮，甘草。

2. 实验设备及用具

台秤，小笼格，小刀，带盖广口玻璃瓶等。

四、实验内容

1. 工艺流程

新鲜豆腐→摆块与接种→培养→搓毛→腌制→倒卤→装瓶→排气→巴氏杀菌

2. 操作要点

（1）摆块与接种　培菌格表面铺纱布，将豆腐切块 2 cm×3 cm×3 cm，间隔 2 cm 置于培菌格中，菌悬液刷在豆腐坯上，将豆腐翻面，使各面均匀，用量3%。盖双层纱布。

（2）培养（发花）　毛霉菌生长繁殖需要蛋白质和淀粉等为原料，并要求一定的水分和温度。一般水分含量 70% ~ 73%、温度 20 ~ 24 ℃（室内即可），发花 48 ~ 60 h。

（3）搓毛　菌丝长满豆腐坯且菌丝不变黑时，进行搓毛，将每块连接在一起的菌丝搓断，使菌丝包裹在豆腐坯表面。搓毛与成品块状外形有十分重要的关系。

（4）腌制　毛坯经搓毛之后，即可加盐进行腌制，制成盐坯。腌坯用盐量一般为 18% ~ 20%。先在坛子底部撒上食盐，之后码一层毛坯，再撒一层盐，最后表面撒盐稍多一些。腌制 4 d 左右。

（5）倒卤　配制酒精含量为 8%，盐含量为 16% 的酒卤 1 L，倒入坛中，直至淹没腐乳。

（6）装瓶　一个星期之后，取出盐坯，在凉开水中过一下，让表面的颜色淡一些，分装到小玻璃瓶中。汤料是混合香辛料和水煮制的汤。混合香辛调料比例：辣椒粉（辣椒粉要求细而无霉变，质量上等）0.25 kg、花椒 0.05 kg、陈皮 0.02 kg、桂皮 0.02 kg、甘草 0.015 kg、盐 0.25 kg，若制作红腐乳，可加入适量红曲米粉。将汤料倒入玻璃瓶中，淹没腐乳。

（7）排气　将装好腐乳的玻璃瓶放入沸水中加热排气。

（8）巴氏杀菌　盖上盖子，杀菌，冷却。

五、产品质量评价

（1）块形整齐，均匀，质地细腻，无杂质。

（2）红腐乳表面红色或枣红色，内部杏黄色，有酯香、酒香。

（3）滋味鲜美，咸淡适口，无异味。

六、注意事项

（1）注意实验卫生，既要保证毛霉等正常生长繁殖，又要防止杂菌污染。

（2）发酵过程中注意观察，避免阳光直晒。

（3）坛子要采用沸水灭菌，倒扣沥水，降温到室温才可装坛。

七、问题与讨论

毛霉或根霉在腐乳制作中起到了怎样的作用？

腐乳

实验十四 内酯豆腐的制作

一、实验目的

（1）了解内酯豆腐的制作原理。

（2）掌握盒装内酯豆腐制作的一般过程。

二、实验原理

内酯豆腐摒弃传统豆腐使用卤水或石膏作为凝固剂，而以葡萄糖酸-δ-内酯为豆腐凝固剂。在加热情况下，葡萄糖-δ-内酯水解为可使蛋白质凝固的葡萄糖酸。随着豆浆温度的升高，蛋白凝固速度和凝胶强度都随之增加。蛋白凝固温度通常设定在 90 ℃。

三、实验材料及实验设备

1. 实验材料

大豆、葡萄糖酸-δ-内酯、水。

2. 实验设备及用具

豆浆机、蒸煮锅、电子台秤、天平、模具等。

四、实验内容

1. 工艺流程

选豆→浸泡→磨浆→过滤→煮浆→点浆→包装→成品

2. 参考配方

大豆 500 g，葡萄糖酸-δ-内酯 0.032 g。

3. 操作要点

（1）选豆 挑选颗粒饱满的干燥黄豆为原材料。

（2）浸泡 用 2000 mL 清水在室温下浸泡大豆 6～8 h。

（3）磨浆 将浸泡后的大豆用豆浆机磨碎。

（4）过滤 豆浆用 100 目纱布过滤，滤浆控制在 8 kg 左右。随后将滤浆再次磨浆。

（5）煮浆 使用敞口大锅盛放豆浆，在电磁炉上加热，在 15 min 内加热至沸腾，随后熄火冷却。

（6）点浆　待豆浆降温至 90 ℃后，向豆浆中加入预先溶解在少量水中的葡萄糖酸-δ-内酯，搅拌均匀后便可装盒。

（7）包装　将加入凝固剂的豆浆趁热转入模具盒中，趁热封口，冷却凝固后即为内酯豆腐。

五、产品质量评价

1. 形 态
凝胶状固体。

2. 色 泽
乳白色，或淡淡的微黄色。

3. 组 织
内部呈致密状态，无气孔，口感软嫩。

4. 滋味、气味
具有豆香味，无异味。

六、注意事项

（1）蛋白凝固过程应处于静置状态。冬季应保温处理，以防降温过快。

（2）严格控制豆浆与葡萄糖酸-δ-内酯的比例。

七、问题与讨论

（1）内酯豆腐的化学本质是什么？

（2）蛋白质凝固过程中发生了哪些变化？

内酯豆腐百度百科

实验十五 膨化土豆片的制作

一、实验目的

（1）了解谷物膨化后理化性质的变化。

（2）掌握挤压膨化食品生产的基本原理及一般过程。

二、实验原理

食品膨化就是将大米、玉米、麦类、豆类和薯类等原料，送入一种专门设计的可连续作业的机械内，进行高温高压处理后，在常温常压下使其体积膨胀若干倍，内部组织呈疏松多孔的海绵状的操作过程。膨化食品大体上可分为几类：① 油炸膨化，如油炸土豆片等；② 焙烤膨化，如旺旺雪饼、旺旺仙贝等；③ 挤压膨化，如麦圈、虾条等；④ 压力膨化，如爆米花等。

挤压膨化的原理为：物料处于 3~8 MPa 的高压和 200 ℃ 左右的高温状态，如此高的压力超过了挤压温度下的饱和蒸汽压，所以在挤出机套筒内水分不会沸腾蒸发。在如此的高温下物料呈现熔融状态，一旦物料由模具口挤出，压力骤然降为常压，水分发生急剧的蒸发，产品随之膨胀，水分从物料中失散，并带走了大量热量，使物料在瞬间从挤压状态时的高温迅速降至 80 ℃ 左右，从而使物料固化成型，并保持膨胀后的形状。

三、实验材料及实验设备

1. 实验材料

马铃薯粉，玉米粉，盐，油等调味料。

2. 实验设备及用具

双螺杆挤压机，电热恒温鼓风干燥箱，电子台秤，天平，模具。

四、实验内容

1. 工艺流程

物料调配→加水调湿→挤压成型→干燥→调味→包装。

2. 参考配方

马铃薯粉 120 g，玉米粉 40 g，水 40 g，调味料适量。

3. 操作要点

（1）物料调配 将75%的马铃薯粉和25%的玉米粉，加水调湿至含水量达到19%，送入挤压机。

（2）挤压成型 调节挤压机，使挤压机螺旋杆转速为200～350 r/min，温度为120～160 ℃，机内最高工作压力位0.5～1 MPa，食品在挤压机内的停留时间为10～20 s。经模具，挤压出一定宽度和厚度的薄片。

（3）干燥 此薄片含水量稍高，要进一步脱水，将食品置于电热恒温鼓风干燥箱内进行干燥。

（4）调味 干燥后的食品要进行调味处理，通过喷油、喷粉（调味料）使食品具有不同风味。

五、产品质量评价

1. 形　态
具有该产品的特定形状，外形完整，大小较均匀。

2. 色　泽
色泽正常，且基本均匀，不得有过焦的颜色。

3. 组　织
内部呈多孔形，基本没有结块现象，口感酥松，不粘牙。

4. 滋味、气味
具有主要原料经加工后应有的香味，无焦苦味、油蛤味及其他异味；无外来杂质。

六、注意事项

（1）对于"蒸汽反馈"故障的处理：一般挤压机在正常工作时，高温挤压过程所产生的蒸汽不会从喂料端逸出，一旦蒸汽沿螺杆向进料斗方向逸出，这种现象被称为"蒸汽反馈"。这种蒸汽流动干扰了螺旋槽内的被压缩物料，会造成短时间内出料减少。通常一旦在喂料口发现了蒸汽，就可确认为是出现了"蒸汽反馈"现象。处理方法是冷却喂料段。瞬时冷却挤压机出料端或增加喂料量可将这种现象终止，使机器回复到正常运行状态。

（2）注意挤压机开机、停机的正确操作顺序。

七、问题与讨论

（1）调节水分和温度压力的目的是什么？
（2）物料挤压过程中蛋白质、脂肪、碳水化合物和水分发生了哪些变化？

实验十六 泡芙的制作

一、实验目的

（1）了解泡芙质量评价的方法。
（2）熟悉实验室焙烤食品加工设备，如电烤箱的工作原理，掌握其操作方法。
（3）掌握泡芙制作的一般工艺过程。

二、实验原理

泡芙是一种源自意大利的甜食。蓬松涨空的奶油面皮中包裹着奶油、巧克力乃至冰淇淋。在制作泡芙时，首先用水、奶油、面粉和鸡蛋做成面包，然后将奶油、巧克力或冰淇淋通过注射灌进面包内即成。在制作过程中，烫熟的淀粉发生糊化作用，能吸收更多的水分。同时糊化的淀粉具有包裹住空气的特性，在烘烤的时候，面团里的水分成为水蒸气，形成较强的蒸汽压力，将面皮撑开，形成一个鼓鼓的泡芙。

三，实验材料及实验设备

1. 实验材料

面粉，泡打粉，水，糖粉，起酥油，可可粉等。

2. 实验设备及用具

烤箱，面粉筛，打蛋器，裱花袋等。

四、实验内容

1. 工艺流程

（1）泡芙馅制作的工艺流程

可可粉、水→加热溶解→冷却→加淡奶油、糖粉→搅打至湿性发泡→搅打至中性发泡→泡芙馅

（2）装饰皮制作的工艺流程

起酥油、糖粉→拌匀→加面粉→搅打成面团→搓成圆柱形→冷冻→切片→装饰皮

（3）泡芙制作的工艺流程

水、起酥油→加热融化→加过筛混匀面粉和泡打粉→调制烫面面团→加鸡蛋→搅匀→成型→加装饰皮→烘烤→冷却→装馅→成品

2. 参考配方（表 1-1）

表 1-1　泡芙参考配方表

部位	原辅料名称	每组用量/g
泡芙面糊	糕点粉	100
	泡打粉	1.7
	水	165
	起酥油	83
	全蛋液	166
装饰皮	糖粉	80
	起酥油	112
	糕点粉	150
馅料	淡奶油	360
	水	120
	糖粉	150
	可可粉	15

3. 操作要点

（1）泡芙馅的制作　将水加热后倒入可可粉，边加热边搅拌至可可粉溶解，冷却备用。将淡奶油和糖粉放入打蛋机，用球形搅拌器搅打至湿性发泡，然后慢慢加入可可粉溶解，继续快速搅打至中性发泡即可。

（2）装饰皮的制作　将起酥油和糖粉搅拌均匀，加入面粉搅拌均成团即可。然后，将面团揉搓成表面光滑、粗细一致的圆柱体（直径 5 cm 左右），用油纸卷起来后冻藏至变硬以便切片。

（3）调制泡芙面糊　将水、起酥油放入调料盆中进行加热，不断搅拌使酥油融化，加热至微沸后再加入经混匀和过筛的面粉、泡打粉，边加边搅拌，搅拌至无颗粒即可。将上述面团倒入搅拌缸，用搅拌器适度搅打至面团温度降低到 60 ℃ 左右后分次加入蛋液，边加边中速搅打（注意可根据面团黏稠度适度增减蛋液用量），最后快速充分打匀呈黏稠面糊即可。

（4）成型、加装饰皮　将面糊装入带圆形花嘴的裱花袋，在烤盘上挤注成型（约 25 g/个），注意大小、间距均匀一致。将经适当解冻软硬度合适的圆柱形皮面团切成薄片（片厚 2.5 mm 左右），放在泡芙生坯顶部。

（5）烘烤

①电热风烤炉　温度上火 180 ℃ 左右、下火 180 ℃ 左右，烘烤 20 min 左右至表面金黄色即可。

②层式电烤炉　温度上火 200 ℃ 左右、下火 180 ℃ 左右，烘烤 20 min 左右（上色后烤盘需掉头），表面金黄色即可。

（6）冷却装馅　打开烤箱，取出烤好的泡芙，自然冷却后用筷子将泡芙底部扎一小孔，将馅料装入带花嘴裱花袋，从小孔挤入泡芙内部。

五、产品质量评价

（1）大小一致，形状美观，酥皮均匀分布于泡芙表面，色泽金黄。
（2）口感松泡，外酥内软，内馅香味浓郁。

六、注意事项

（1）无论高筋、低筋、中筋面粉都可以制作泡芙。但是低筋面粉的淀粉含量高，理论上糊化后吸水量大，膨胀的动力更强，在同等条件下做出的泡芙膨胀得会更大。
（2）做装饰面皮时注意面粉分次加入，以便控制面团软硬度。

七、问题与讨论

泡芙不蓬松的原因是什么？

法国"人民日报"都 pick 的泡芙，你知道在哪儿吗？

实验十七　麻薯的制作

一、实验目的

掌握糯米制品制作的一般方法及其原理。

二、实验原理

麻薯是一种由糯米粉或其他淀粉类制成的有弹性和黏性的食品，又叫作草饼。其主要原料糯米的主要成分为支链淀粉，支链淀粉加热糊化后，分子中的链较为松散，因此具有较高的黏度。当淀粉糊冷却时，支链淀粉分子中的分支结构又减弱了分子链重新结合的紧密程度，表现出较好的抗老化能力。

三、实验材料及实验设备

1. 实验材料

糯米粉，玉米淀粉，牛奶，白砂糖，黄油，豆沙。

2. 实验设备及用具

蒸锅，案板，刮刀，菜刀，面粉筛，电子秤，面盆，保鲜盒等。

四、实验内容

1. 工艺流程

原辅料→计量→搅拌→蒸制→揉面→切分→包馅→包装→成品

2. 参考配方

糯米粉 140 g，玉米淀粉 40 g，牛奶 240 g，白砂糖 50 g，黄油 20 g，豆沙适量。

3. 操作要点

（1）计量、搅拌、蒸制　将糯米粉、白砂糖称重后过筛混合，加入牛奶搅拌至没有颗粒，倒入容器中，上锅大火蒸 15～20 min，至没有液体即可。

（2）揉面　取出稍冷却后加入黄油，揉面使其混合均匀。

（3）切分、包馅　在案板上撒熟糯米粉或玉米淀粉，将冷却好的糯米团分成 15 g 左右的小块，捏成碗状，包入 10 g 左右豆沙馅，收口搓圆，滚上一层熟糯米粉即可。

（4）包装　装入保鲜盒密封保存防干。

五、产品质量评价

（1）外形完整，表面细腻平整，大小均匀；颜色呈细腻的白色，色泽基本均匀。

（2）糯米清香浓郁且有奶香，红豆馅料甜而不腻；弹性较强，不粘牙；无油污，无不可食用异物。

六、注意事项

（1）糯米皮比较黏，可使用一次性手套包馅。

（2）馅料可以使用巧克力馅、绿豆馅等，面皮中还可加入草莓粉、可可粉、抹茶粉等制作不同口感和色泽的麻薯。

（3）麻薯裹的熟糯米粉可以使用玉米淀粉代替，也可使用椰蓉装饰。

七、问题与讨论

简述糯米粉与普通米粉的区别。

实验十八　凤梨酥的制作

一、实验目的

（1）熟悉凤梨酥的基本生产工艺流程。
（2）掌握凤梨酥馅料的生产技术。

二、实验原理

凤梨酥是一道非常著名的甜点，起源于台湾。凤梨酥的内馅并不是单纯的菠萝。为了口感需要，馅料内通常会添加冬瓜，目前也有五谷杂粮、松子、蛋黄、栗子等不同口味的凤梨酥。饼皮加入燕麦等食材，口感更为多元。

三、实验材料及实验设备

1. 实验材料

低筋面粉，全脂奶粉，黄油，鸡蛋，糖粉，食盐，冬瓜，菠萝，细砂糖，麦芽糖等。

2. 实验设备及用具

煮锅，炒锅，案板，纱布，削皮刀，打蛋器，切菜刀，擀面杖，烤箱，烤盘，模具，面粉筛，电子秤等。

四、实验内容

1. 工艺流程

制备冬瓜蓉→制备菠萝蓉、菠萝汁→炒蓉 ┐
　　　　　　　　　　　　　　　　　　　├→包馅成型→烘烤→
打发黄油、糖粉、食盐→加鸡蛋→制备面皮 ┘
冷却→包装→成品

2. 参考配方

参考份量 16 个

（1）酥皮配料　低筋面粉 90 g，全脂奶粉 35 g，黄油 75 g，鸡蛋 25 g，糖粉 20 g，盐 1/4 小勺（1.25 mL）。

（2）凤梨馅配料　冬瓜（去皮去籽）900 g，菠萝（去皮）450 g，细砂糖 60 g，麦芽糖 60 g。

3. 操作要点

（1）制备冬瓜蓉 冬瓜去皮去籽，切成小块。水烧开后放入冬瓜，煮 15 min 左右，直到彻底煮熟。冷却后，用纱布包裹，挤去水分。冬瓜水丢弃不用，把脱水后的冬瓜放在案板上，用刀剁成冬瓜蓉。

（2）制备菠萝蓉 菠萝去皮后，切成尽量小的丁。将切好的菠萝丁也用纱布包好，挤出菠萝汁。挤完汁后的菠萝丁放在案板上用刀剁成蓉。

（3）炒蓉 把菠萝汁、细砂糖、麦芽糖放入炒锅，大火煮开以后转小火，不断搅拌直到糖完全溶解。再把冬瓜蓉和菠萝蓉倒入锅内，一直用小火慢慢翻炒。水分逐渐减少，馅料逐渐成型。炒至金黄色即可，冷却后备用。

（4）制备面皮 黄油软化后，加入糖粉、食盐，用打蛋器打发。倒入打散的鸡蛋，继续打发至鸡蛋与黄油完全融合，呈羽毛状。再将低筋面粉和奶粉混合后筛入黄油中，用橡皮刮刀拌匀，使粉类和黄油完全混合。拌至没有干粉即可。

（5）包馅成型 根据制作的凤梨酥大小，将面团和馅料按 2∶3 的比例称重。取一块称好的酥皮面团，揉成圆形。用手把面团压扁，放上一块凤梨馅。使酥皮包裹馅料。把凤梨酥模具摆在烤盘上，将包好的面团放到模具里面。用手把面团压平，使面团在模具里定型。

（6）烘烤 将凤梨酥连同模具一起放入烤箱，175 ℃ 下烘烤 15 min 左右，至酥皮表面呈金黄色即可。

（7）冷却、包装 取出并冷却后即可脱模。脱模冷却后，密封放置 4 h 以后再食用，口感更佳。

五、产品质量评价

（1）外形完整，表面细腻平整，大小均匀；颜色呈金黄色、棕黄色，色泽基本均匀。
（2）酥皮奶香浓郁，馅料有浓郁菠萝风味和口感，酥软香甜。
（3）断面可见果肉，纤维细腻无粘连，无气泡；无油污，无不可食用异物。

六、注意事项

（1）制作凤梨馅的时候，需要把冬瓜先脱水再剁成蓉。因为凤梨馅里的冬瓜主要作用是提供瓜肉纤维，挤掉冬瓜里的水分，可以避免冬瓜的味道混入馅里，影响馅的味道。

（2）如没有应季菠萝，可选用菠萝罐头，但糖的用量需要适当减少。

（3）凤梨馅比较黏软，酥皮面团也较软易裂，因此包的时候不易控制。注意手法慢慢包裹，反复多练习，才会熟能生巧。

（4）刚做好的凤梨酥，皮和馅的味道没有完全融合在一起，所以不用马上就吃。密封保存 4 h 以后，凤梨馅里的水分和糖分会慢慢向皮里渗透，口感更佳。

七、问题与讨论

在此基础上如何制作其他口味的凤梨酥？

实验十九　发糕的制作

一、实验目的

（1）了解发糕的质量评价的方法。
（2）掌握发糕制作的基本工艺及生产的关键点。

二、实验原理

发糕是以面粉为主要原料，加酵母、水、白砂糖、食品添加剂等辅料，经过面团的调制、发酵、醒发、整形等工序加工而成。面团发酵时，面团中的酵母利用糖和含氮化合物迅速繁殖，同时产生大量二氧化碳，使面团体积增大，结构酥松，多孔且质地柔软。在面团发酵过程中，通过一系列的生物化学变化，积累了足够的发酵产物，使最终的制品具有优良的风味和芳香感。

三、实验材料及实验设备

1. 实验材料

中筋面粉，玉米面，白砂糖，泡打粉，酵母粉等。

2. 实验设备及用具

不锈钢盆，台秤，烧杯，蒸笼，模具等。

四、实验内容

1. 工艺流程

酵母活化→和面→发酵→添加小苏打→倒模→蒸制→成品

2. 参考配方

面粉 200 g，玉米面 30 g，白砂糖 20 g，泡打粉 5 g，酵母粉 3 g，温水 230 g，小苏打 1 g，食用油 100 g。

3. 操作要点

（1）酵母活化　将酵母粉溶于 30 ℃ 左右的温水中。
（2）和面　混合面粉，玉米面，白砂糖，泡打粉，用溶解酵母的水将混合面粉和成流动性的面糊。

（3）发酵　覆盖保鲜膜置于温暖处发酵 1 h。

（4）添加小苏打　将小苏打溶于水，倒入发好的面糊中，搅拌均匀。

（5）倒模　模具刷上一层食用油，倒入面糊刮平，盖上保鲜膜置于温暖处发酵 1 h 至两倍大，撒上葡萄干或红枣干。

（6）蒸制　锅中烧水，待水开后放入蒸笼，大火蒸 35 min 即可食用。

五、产品质量评价

（1）颜色金黄，气孔组织分布均匀。

（2）口感疏松，有特殊香味，甜而不腻。

六、注意事项

（1）如果以吃粗粮为主要目的，可以将玉米面的比例增加，但最好不要超过 50%，否则不利于发酵；而且粗粮的比例越高，口感越粗糙，凉后越干硬扎实。

（2）泡打粉的使用可以撑起气室，增加组织的蓬松。

（3）泡打粉遇水会失效，要先将泡打粉与面粉、玉米面混合均匀，再加水。

（4）面和得稀一些，做出的发糕口感比较松软。

（5）容器内刷油，烤好的发糕就不会和容器内壁粘连，且容易脱模。

（6）由于蒸的时间较长，蒸锅中要添足量水，防止烧干。

七、问题与讨论

发糕不松软的原因是什么？

实验二十　小米锅巴的制作

一、实验目的

（1）了解锅巴质量评价的方法。
（2）熟悉锅巴类膨化食品的制作方法。

二、实验原理

小米锅巴是一款备受广大群众欢迎的休闲食品。加工过程主要是将小米粉碎后，加入淀粉，经膨化机膨化后将其中的淀粉部分糊化，再油炸制成。该产品体积蓬松，口感疏松，加工方便。

三、实验材料及实验设备

1. 实验材料

小米，淀粉，奶粉，味精，花椒，食盐等。

2. 实验设备及用具

搅拌机，膨化机，油炸锅等。

四、实验内容

1. 工艺流程

原辅料混合→搅拌→膨化→冷却→切块→油炸→调味→包装→成品

2. 参考配方

小米 9 kg，淀粉 1 kg，奶粉 200 g，味精，花椒粉和食盐少许。

3. 操作要点

（1）原辅料混合、搅拌　小米磨成粉，将小米粉、淀粉和奶粉在搅拌机内充分混匀，边搅拌边喷水，使其混合均匀成松散的湿粉。

（2）膨化　开膨化机，将混合好的物料放入膨化机内进行膨化。

（3）冷却、切块　将膨化出来的半成品冷却，用刀切成需要的长度。

（4）油炸　当油温为 130～140 ℃ 时，入油锅油炸 3～5 min，出锅前为白色，放置一段时间变成黄白色。

（5）调味　趁热一边搅拌一边加入各种调味料，使其均匀分布在锅巴表面。

五、产品质量评价

锅巴黄白色，酥脆，有特殊香味，无焦煳味。

六、注意事项

（1）掌握膨化的物料和水分比例，如果出料太膨松，说明加水量少，出来的料软、白、无弹性；如果含水量太多，则出料不膨化；要求出料有弹性，并且有均匀小孔。

（2）根据个人口味，调味料进行适当调整。

七、问题与讨论

成品比较硬、不疏松的原因是什么？

实验二十一　豆奶的制作

一、实验目的

（1）了解植物蛋白奶饮料的工艺过程。
（2）掌握豆奶的基本制作方法和关键操作步骤。

二、实验原理

豆奶是大豆经制备成原汁原浆后，经磨浆后还需精磨（用胶体磨），并添加多种辅料、添加剂、维生素、微量元素、植物油、砂糖、奶粉等（不允许加糖精、色素、防腐剂）制成。豆奶的生产机理是利用了大豆蛋白质的功能特性和磷脂的强乳化性，因此豆奶需经均质乳化（用高压均质机）或超声波处理使蛋白质，油脂、磷脂及各种辅料等形成牢固的多元缔合体，得到极细而均匀的固体分散物和液体乳化物，在水中形成均匀的乳状分散体系。具有奶状的稠度，人体能吸收 75% 左右。

豆奶口感柔和、组织细腻、有豆香味、无豆腥味，营养全面、丰富、科学、合理。豆奶是天然植物蛋白保健饮料，可添加各种果汁制成各种果味豆奶，品种繁多。豆奶属于饮料系列，保质期可达半年以上。豆奶的营养价值高于牛奶，豆奶中还含有牛奶没有的磷脂、核酸、异黄酮等多种抗癌物质，又没有牛奶中对人体有害的胆固醇、半乳糖、饱和脂肪酸等。

三、材料及设备

1. 实验材料

大豆，花生，牛奶，白砂糖，羧甲基纤维素钠，黄原胶等食品添加剂。

2. 实验设备及用具

食品料理机（或磨浆机），胶体磨，均质机，电磁炉等。

四、工艺流程及操作要点

1. 工艺流程

（1）大豆浆液的制备　大豆→除杂→清洗→浸泡→去皮→磨浆
（2）花生浆液的制备　花生米→除杂清洗→浸泡→去红衣→磨浆
（3）豆奶制作的工艺流程　豆浆、花生浆等→混合调配→均质乳化→瓶装密封→杀菌→冷却→成品

2. 参考配方

大豆 40 g，花生 150 g，白砂糖 80 g，羧甲基纤维素钠（CMC-Na）1.8 g，黄原胶 1 g，用水调配至 1 L。

3. 操作要点

（1）黄豆前处理 原料筛选：去除黄豆原料可能掺杂的泥沙、石子、豆叶及霉豆等异物。原料浸泡：黄豆通过浸泡可以软化细胞组织，提高胶体分散程度和悬浮性，以利于对有效成分的提取，增加得率。将黄豆倒入水槽中，水量是原料量的 5 倍左右。浸泡后大豆的重量为原重的 2 倍左右。浸泡时间视水温而定，当水温在 10 ℃ 以下时，浸泡时间控制在 10 ~ 12 h；水温在 10 ~ 25 ℃ 时，一般浸泡时间在 6 ~ 10 h。浸泡还可采用高温浸泡法：80 ~ 85 ℃，0.5 ~ 1 h。

（2）花生前处理 选取无杂质、无霉变的优质花生，清洗后在常温下浸泡 10 ~ 12 h，或者用 60 ~ 70 ℃ 小苏打热溶液浸泡 5 ~ 6 h。可在水中加入碳酸氢钠来调节 pH 值，控制 pH 值在 7.5 ~ 9.5。pH 小于 7.5 不利于抑制脂肪氧化酶的活性，导致花生腥味、涩味加重；pH 大于 9.5，一方面用碱量加大增加了生产成本，另一方面对某些营养物质又有损害和破坏作用，得不偿失。然后取出花生去除红衣，在清洗后备用。

（3）磨浆 将大豆、花生放入食品料理机内，倒入适量的纯净水，磨成匀浆。煮浆，加热至沸腾。热烫漂洗。用废水或蒸汽进行热烫以钝化脂肪氧化酶，减少豆腥味。温度控制在 95 ~ 100 ℃，时间 2 ~ 3 min 为宜，以保证蛋白质不变性，提高提取率。再磨浆。也可省略。

（4）混合调配 根据产品的口味、营养成分或其他标准要求等，将各种原料配比调配。在 85 ℃ 下进行。

（5）均质乳化 调节好胶体磨间隙，趁热（如果温度降低，用夹层锅加热至 80 ~ 90 ℃）使浆料经胶体磨细磨，使细度达 2 μm 左右。

（6）杀菌 由于豆奶营养丰富，pH 值为 7.5 左右，很适合一般腐败菌的生长，必须进行杀菌处理，杀菌条件为 100 ℃，15 min。

（7）冷却 杀菌后的乳液要冷却至常温，以保证产品质量。至室温，感官评定。

五、产品质量评价

1. 色 泽

乳白色，色泽均匀一致。

2. 气味及滋味

具有大豆、花生和牛奶特有的香味，甜味适中。无异味，无豆腥味。

3. 组织状态

滑润细腻稳定的乳状液，无分层和沉淀。允许有极少量微粒。

六、注意事项

（1）大豆在磨浆过程中，大豆皮层下的脂肪氧化酶在空气和水存在的条件下，与油脂发生作用生成酮、醛、醇类等物质，产生豆腥味；又由于大豆的卵磷脂被氧化时产生内脂类、呋喃类、醇类、醛类等，也出现多种不良气味。因此，在豆奶生产过程中，有除腥、除臭等工序。

（2）大豆中有很多抗营养因子，如胰蛋白酶抑制素，尿素酶、低聚糖、雌激素、氰类化合物等。这些抗营养因子有毒副作用，食用后会造成新陈代谢失常和抑制人体生长、发育的不良后果。在生产豆奶时，采用高温高压灭菌或瞬间超高温灭菌的同时，可以消除抗营养因子的毒副作用。

七、问题与讨论

（1）影响豆奶质量的因素都有哪些？
（2）哪些添加剂可以起到乳化均质作用？用量如何？

实验二十二　薯片的制作

一、实验目的

（1）了解薯片质量评价的方法。
（2）掌握薯片制作的一般工艺过程。

二、实验原理

薯片是世界上最重要的零食之一，它是以马铃薯为原材料，经过油炸或烤制并加以调味而成的休闲方便食品。根据不同的爱好可以将薯片调制成不同味道，如原味、椒盐味、番茄味等。

三、实验材料及实验设备

1. 实验材料

新鲜土豆，植物油，食盐，辣椒粉，五香粉等。

2. 实验设备及用具

削皮刀，切片机，烤箱，电磁炉，不锈钢锅等。

四、实验内容

1. 工艺流程

原料处理→切片→清洗→漂烫→调味→烤制→冷却→成品

2. 操作要点

（1）原料处理　选大小均匀、无病虫害的薯块，用清水洗净，沥干后，去掉表皮。
（2）切片　将薯块切成 1～2 mm 厚的薄片，再投入清水中浸泡，以洗去薯片表面的淀粉，避免褐变。
（3）漂烫　在沸水中将薯片烫至半透明状、熟而不软时，捞出放入凉水中冷却，沥干表面水分后备用。
（4）调味　将少许油、盐、五香粉、辣椒粉和土豆片均匀的混在一起，腌制 5 min。
（5）烤制、冷却　将腌制好的土豆片，均匀摆放在烤箱专用的烤盘上，将烤盘放入烤箱内，高火 3 min，取出烤盘，将薯片翻面，再烤制 3 min。取出，冷却即可。

五、产品质量评价

（1）成品色泽正常、均匀一致，无焦、生现象；形状规则，厚度适中，气泡均匀，大小适中，无油脂析出。

（2）有土豆香味，口感适中，油腻度适中。

六、注意事项

（1）土豆要新鲜。

（2）切片要薄。

七、问题与讨论

土豆片漂烫的目的是什么？

第三节　畜禽、鱼类产品加工实验

实验一　炸鸡柳的制作

一、实验目的

（1）了解炸鸡柳质量评价的方法。

（2）掌握鸡柳的制作方法。

二、实验原理

鸡柳是以鸡脯肉为主料，经过腌制、油炸、调味制作而成的一款家常食品。

三、实验材料及实验设备

1. 实验材料

鸡脯肉，面包糠，鸡蛋，淀粉，胡椒粉，辣椒粉，食盐，植物油，料酒。

2. 实验设备及用具

冰箱，保鲜盒，油炸锅等。

四、实验内容

1. 工艺流程

鸡脯挑选→切肉→腌制→裹粉→油炸→调味→装袋→成品

2. 参考配方

鸡脯肉 1500 g，面包糠 200 g，鸡蛋 10 个（大），淀粉 200 g，胡椒粉 50 g，盐 50 g，油 100 g，料酒适量。

3. 操作要点

（1）将鸡胸肉清理干净，然后切成厚度为 0.6 cm 的片状，再将切好的肉片顺着肉纹路切成 10 cm 左右的条状，（为了保证切出的鸡柳不碎，有嚼劲和韧性，所以要顺着肉的纹路切，而不是横着纹路切把纹路切断）。

（2）鸡肉放入保鲜盒，加入料酒，胡椒粉，盐，鸡蛋清拌匀，放冰箱冷藏腌制 2 h。

（3）取一干净的口径大的容器倒入腌制好的鸡柳和鸡蛋清拌匀，加入淀粉再次拌匀，然后于面包糠中裹粉直到鸡柳已经分离成一根一根的，取筛筐（漏筐）一个，将裹好的部分鸡柳放入筛筐内筛除多余的面包糠，裹粉完成。

（4）将新鲜无味的色拉油或调和油，加热至 150～170 ℃，将裹好的鸡柳放入油锅内油炸，一般炸 40～60 s 就可以看到鸡柳炸至金黄色，然后用漏勺快速捞出锅，沥干油。

（5）将沥干油的鸡柳均匀地撒上孜然粉、辣椒粉。

五、产品质量评价

成品金黄色，疏软，口感脆嫩爽滑。

六、注意事项

（1）裹粉量要适中，使淀粉均匀铺在鸡肉表面。
（2）腌制后鸡脯肉需要放置一段时间再油炸，使其更入味。

七、问题与讨论

成品比较硬，口感不酥软的原因有哪些？

实验二 肉罐头的制作

一、实验目的

（1）熟悉罐藏食品的加工原理。

（2）掌握加工肉罐头的方法；掌握封罐机和高压灭菌锅等常规仪器设备的使用，获得独立制作肉罐头的实验能力。

二、实验原理

将经过预处理的肉类装入镀锡薄板罐、玻璃罐或其他包装容器中，经密封杀菌，使罐内食品与外界隔绝而不再被微生物污染，同时又使罐内绝大部分微生物杀死并使酶失活，从而消除了引起食品腐败的主要原因，使肉类食品能在室温下长期贮藏。

三、实验材料及实验设备

1. 实验材料

优质猪肉，食盐，月桂叶，葱头，胡椒等。

2. 实验设备及用具

高压灭菌锅，真空封罐机，台秤，刀等。

四、实验内容

1. 工艺流程

清洗猪肉→剔除骨头、淋巴、杂质等→切块→称量→加辅料→装罐→杀菌→冷却→成品

2. 参考配方

猪肉 385 g/罐，精盐 5 g/罐，葱头 6~7 g/罐，胡椒 2 粒/罐，月桂叶 1 g/罐。

3. 操作要点

（1）清洗猪肉、空罐及罐盖，剔除骨头，按 50 g 每块切块。

（2）将切好的生猪肉按照配方拌料调配好之后均匀装入空罐，共装 6 罐。

（3）装好的罐头放入真空封口机，46.7 kPa 封罐。

（4）杀菌 将罐头放入灭菌锅，慢慢提高蒸汽压，达到 1.2×10^7 Pa，保持 15~70 min，使罐头中心温度达到 121 ℃。

（5）冷却 关闭热蒸汽，通入压缩空气，保持反压力 $1.8 \times 10^5 \sim 1.47 \times 10^5$ Pa，逐渐通入冷水，直到中心温度 40 ℃ 为止。取罐，擦干，入库。

五、产品质量评价

1. 色泽形态
呈褐色，油亮有光泽。

2. 风味质地
具有猪肉本身肉香，混合辅料的复合香气，香气均匀协调。

六、注意事项

（1）注意蒸汽压需达到 1.2×10^7 Pa，使得肉罐头的中心温度达到 121 ℃，否则肉毒梭菌杀灭不彻底，易引起腐败变质甚至产生毒素。

（2）注意杀菌及封罐的安全规范操作。

七、问题与讨论

（1）如何计算肉罐头的杀菌压力及时间？

（2）哪些因素会引起肉罐头胀罐？

实验三　肉干的制作

一、实验目的

（1）了解肉干制作的配方。

（2）掌握肉干制作的工艺。掌握电烤箱等常规仪器设备的使用，具备制作肉干的独立实验能力。

二、实验原理

肉干是用猪、牛等瘦肉经煮熟后，加入配料复煮、烘烤而成的一种肉制品。其形状多为 1 cm³ 大小的块状。按原料分为猪肉干、牛肉干等；按形状分为片状、条状、粒状等；按配料分为五香肉干、辣味肉干和咖喱肉干等。

三、实验材料及实验设备

1. 实验材料

猪肉或牛肉，植物油，盐，酱油，白糖，五香粉，黄酒，生姜，葱等。

2. 实验设备及用具

电烤箱，菜刀，砧板，电磁炉，不锈钢锅等。

四、实验内容

1. 参考配方（表 1-2）

表 1-2　肉干的三种参考配方（按 100 kg 瘦肉计算，单位：kg）

配方	食盐	酱油	五香粉	白糖	黄酒	生姜	葱
1	2.5	5	0.25	—	—	—	—
2	3	6	0.15	—	—	—	—
3	2	6	0.25	8	1	0.25	0.25

2. 操作要点

（1）原料肉的选择与处理　多采用新鲜的猪肉和牛肉，以前、后腿的瘦肉为最佳。先将原料肉的脂肪和筋腱剔去，然后洗净沥干，切成 0.5 kg 左右的肉块。

（2）水煮　将肉块放入锅中，用清水煮开后撇去肉汤上的浮沫，浸烫 20～30 min，使肉发硬，然后捞出切成 1.5 cm×1.5 cm×1.5 cm 的肉丁或 1.5 cm×2.0 cm×4.0 cm 的肉片（按需要而定）。

（3）复煮　取原汤一部分，加入配料，用大火煮开，当汤有香味时，改用小火，并将肉丁或肉片放入锅内，用锅铲不断轻轻翻动，直到汤汁将干时，将肉取出。

（4）烘烤　将肉丁或肉片铺在铁丝网上，用 50～55 ℃进行烘烤，要经常翻动，以防烤焦，需 8～10 h，烤到肉发硬变干，味道芳香时即成肉干。牛肉干的成品率为 50%左右，猪肉干的成品率为 45%左右。

（5）包装和贮藏　肉干先用纸袋包装，再烘烤 1 h，可以防止发霉变质，能延长保质期。如果装入玻璃瓶或马口铁罐中，可贮藏 3～5 个月。肉干受潮发软，可再次烘烤，但滋味较差。

五、产品质量评价

1. 产品的感官评价

（1）外观　褐色。
（2）风味　有肉特有的香气，咸甜适中，香料香气适宜。
（3）质感　发干发硬，有嚼劲。

六、注意事项

（1）注意高温操作安全规范。
（2）注意烘烤时间，水分含量适中。水分含量过高易引起腐败变质；水分含量过低口感干硬。

七、问题与讨论

（1）如何测定肉干中的水分含量？
（2）结合微生物知识思考保藏过程中肉干的微生物生长繁殖情况。

实验四　皮蛋的制作

一、实验目的

（1）熟悉皮蛋的基本加工工艺。

（2）掌握皮蛋加工的原理。

二、实验原理

禽蛋中的蛋白质遇到料液（或料泥）中的氢氧化钠后，发生分解、变性而凝固，形成具有弹性的蛋白凝胶体，同时蛋白质中的氨基与单糖中的羰基在碱性环境下发生美拉德反应，使蛋白形成棕褐色，蛋白质分解产生的硫化氢和蛋黄中的金属离子结合使蛋黄产生各种颜色；另外，由于蛋白质分解产生氨，皮蛋具有一种刺激性的氨味。鲜蛋在碱（如 NaOH）及其他辅料的作用下由鲜蛋变为皮蛋的整个变化过程包括：化清期、凝固期、成色期和成熟期四个阶段。

三、实验材料及实验设备

1. 实验材料

原料蛋（新鲜鸡蛋或鸭蛋），食盐，生石灰，茶叶，纯碱，硫酸铜（或硫酸锌），黄丹粉，氯化钡，盐酸等。

2. 实验设备及用具

照蛋器，腌制缸等。

四、实验内容

1. 工艺流程

蛋、生石灰、纯碱、茶叶、食盐等

↓

原料蛋及辅料的选择→配料→料液碱度的检验→装缸→成熟→包装→成品

2. 参考配方

鸡蛋或鸭蛋 10 kg，纯碱 0.8 kg，生石灰 3 kg，食盐 0.6 kg，茶叶 0.4 kg，黄丹粉 20 g，水 11 kg。

3. 操作要点

（1）原料蛋的选择　加工皮蛋的原料蛋须经照蛋和敲蛋逐个严格的挑选。

① 照蛋　加工皮蛋的原料蛋用灯光透视时，气室高度不得高于 9 mm，整个蛋内容物呈均匀一致的微红色，蛋黄不见或略见暗影，胚珠无发育现象。转动蛋时，可略见蛋黄也随之转动。次蛋，如破损黄、热伤蛋等均不宜加工皮蛋。

② 敲蛋　经过照蛋挑选出来的合格鲜蛋，还需检查蛋壳完整与否，厚薄程度以及结构有无异常。裂纹蛋、沙壳蛋、油壳蛋都不能做皮蛋加工的原料。此外，敲蛋时，还根据蛋的大小进行分级。

（2）辅料的选择

① 生石灰　要求色白、重量轻、块大、质纯，有效氧化钙的含量不低于 75%。

② 纯碱（Na_2CO_3）　纯碱要求色白、粉细，含碳酸钠在 96% 以上。不宜用普通黄色的"老碱"，若用存放过久的"老碱"，应先在锅中灼烧处理，以除去水分和二氧化碳。

③ 茶叶　选用新鲜红茶或茶末为佳。

④ 硫酸铜或硫酸锌　选用食品级或纯的硫酸铜或硫酸锌。

⑤ 其他　黄土取深层、无异味的。取后晒干、敲碎，过筛备用。稻壳要求金黄干净，无霉变。

（3）配料　先将碱、盐放入缸中，将熬好的茶汁倒入缸内，搅拌均匀，再分批投入生石灰，及时搅拌，使其反应完全，待料液温度降至 50 ℃ 左右将硫酸铜（锌）化水倒入缸内（不用黄丹粉时选用），捞出不溶石灰块并补加等量石灰，冷却后备用。

（4）料液碱度的检验　将 4 mL 代表性的澄清料液，注入 250 mL 容量瓶中，加入水 100 mL，10% 氯化钡溶液 10 mL，摇匀、过滤。再加入 3 滴酚酞指示剂，用 1 mol/L 盐酸滴定至溶液的粉红色恰好消失为止。消耗盐酸的体积（单位：mL）即相当于料液中氢氧化钠的含量。料液中的氢氧化钠含量要求达到 4% 左右。若浓度过高应加水稀释，若浓度过低应加烧碱提高料液的 NaOH 浓度。

（5）装缸、灌料、泡制　将检验合格的蛋装入缸内，然后，将冷却的料液在不停搅动下缓慢倒入缸内，使蛋全部浸泡在料液中。

（6）成熟　灌料后要保持室温在 16 ～ 28 ℃，最适温度为 20 ～ 25 ℃，浸泡时间为 25 ～ 40 d。在此期间要进行 3 ～ 4 次检查。第一次是在第 5 d，此时蛋表面的花片已脱落，但内容物有黏性。第二次是在第 12 d，蛋内基本凝固，但硬度和弹性不够，如有黄水样蛋白，淡黄周围有凝固，则说明碱过大，应马上采取措施，否则成熟不好。第三次是在第 18 d，如果蛋白弹性较好，看颜色是否正常；如果弹性不好，颜色不是茶色。可再放 2 ～ 3 d 出缸。出缸前取数枚皮蛋，用手颠抛，皮蛋回到手心时有震动感。用灯光透视蛋内呈灰黑色。剥壳检查蛋白凝固光滑，不粘壳，呈黑绿色，蛋黄中央呈溏心即可出缸。

（7）包装　皮蛋的包装有传统的涂泥糠法和现在的涂膜包装法。

① 涂泥包糠　用残料液加黄土调成浆糊状，包泥时用刮泥刀取 40 ～ 50 g 黄泥及稻壳，使皮蛋全部被泥糠包埋，放在缸里或塑料袋内密封贮存。

② 涂膜包装　用液体石蜡或固体石蜡等作涂膜剂，喷涂在皮蛋上（固体石蜡需先加热

熔化后喷涂或涂刷），待晾干后，再封装在塑料袋内贮存。

五、产品质量评价

1. 感官评价

参考 GB/T 9694—2014，从外观、颜色、形态、气味与滋味等方面制订感官评价表进行评价。

2. 理化指标

pH、污染物等指标，参考 GB/T 9694—2014 执行。

3. 微生物指标

参考 GB 2749—2015 执行。

六、注意事项

注意剔除破、次、劣质皮蛋。

七、问题与讨论

（1）皮蛋中松花的形成机理是什么？
（2）皮蛋中各种颜色的形成机理是什么？

GB/T 9694—2014

GB 2749—2015

实验五　香肠的制作

一、实验目的

（1）了解各种香肠制品的配方。

（2）理解香肠加工原理和生产工艺。

（3）掌握了香肠制作中主料、辅料的作用。

（4）掌握灌肠机、绞肉机等生产设备的工作原理，学会使用香肠生产设备，获得制作香肠的独立实验能力。

二、实验原理

香肠加工时需要腌制肉类，腌制过程中食盐的高渗透压、亚硝酸盐的抑菌作用可抑制肉毒杆菌等致病菌和腐败微生物的生长繁殖，具有一定防腐作用。同时腌制与调味能产生风味物质，保持肉的鲜红色，并能提高保水性，产生黏着性。粉碎肉类时有助于改善肉制品的均一性，提高肉制品的嫩度，改善质地和口感，增加弹性。烟熏过程能在高温下产生多种风味方向物质，促进美拉德反应的发生，改善颜色和风味。后期进一步发酵和风干包含酵母、乳酸菌、纳地青霉的发酵作用，能生成乳酸、乙醇、氨基酸，产生浓郁酱香，防止酸败等。

三、实验材料及实验设备

1. 实验材料

新鲜的猪肉、牛肉，灌肠专用淀粉，鸡蛋，调味料（胡椒粉、姜末、蒜末、葱末、五香粉、盐、味精、胡椒、桂皮等），食品添加剂（红曲米粉、腌制剂等）等。

2. 实验设备及用具

绞肉机，灌肠机，高压灭菌锅，烤炉，天平等。

四、实验内容

1. 参考配方

（1）猪肉肠　猪肉 3 kg，芝麻油 150 g，鸡蛋 5 个，姜末 1 g，香菜末 1 g，葱 400 g，盐 90 g，五香粉 6 g，桂皮末 6 g，大茴香 6 g，淀粉 66 g，红曲米 12 g。

（2）猪肉、牛肉复合肠　猪肉 3.25 kg，牛肉 1.85 kg，干淀粉 220 g，精盐 220 g，味精 5 g，胡椒 19 g，大蒜 13 g，红曲米 15.3 g。

2. 工艺流程

原料猪肉整理 → 腌制
调味料、红曲米粉、灌汤专用淀粉 ⟩ →斩拌→混合搅拌→灌肠→结扎→杀菌→烘烤→蒸

煮→烘烤→冷却→储存→成品

3. 操作要点

（1）原料肉整理　选择经卫生检验合格的新鲜的猪肉和牛肉。将新鲜猪肉和牛肉去皮，剔除脂肪、筋、软骨、杂物等，切成长为 2 ~ 5 cm、宽为 1 cm 的小块。

（2）腌制　将适量的腌制剂加入整理后的原料肉中进行腌制，腌制温度为 1 ~ 4 ℃，腌制时间为 24 ~ 72 h。

（3）斩拌　将腌制好的猪肉和牛肉进一步切细，斩拌。使制品有一定的弹性。

（4）混合搅拌　把添加剂和调味料（淀粉、水、盐、葱末、蒜末、姜末、红曲粉等）放入适量水混匀，加入经过斩拌的原料中混合。混合搅拌时间控制在 15 ~ 20 min。温度控制在 10 ℃ 以下。

（5）灌肠　将混合斩拌好的肉馅放入灌肠机中，套上已清洗的肠衣进行灌制，控制速度，松紧合适，隔 4 cm 左右用针插一些气孔。香肠灌得过紧，易破裂；灌得太松散，会有残留空气，出现空肠。

（6）结扎　按照一定的规格（15 cm 左右）进行两头结扎。结扎香肠呈九成满，否则加热后会因肉糜受热膨胀，而导致香肠破裂。

（7）烘烤或熏制　烘烤的目的是使肠衣表面干燥，增加肠衣的机械度和稳定性，使肉馅色泽变红，驱除肠的异味。烘烤的温度为 75 ℃，时间为 30 ~ 40 min。根据口味需要确定是否熏制，可用烟熏机器熏制 6 ~ 24 h。

（8）蒸煮　在蒸煮时如发现肠内有气泡，应用针刺破肠衣将气体放出，以防煮熟后出现较大的空隙。蒸煮水温 85 ℃，时间为 40 min。最佳热处理方法为：烘烤，蒸煮，再烘烤。

（9）冷却、贮存　将煮熟后的香肠迅速冷却，用 20 ℃ 冷水或空气冷却。将冷却后的香肠放置在 0 ~ 10 ℃，最好在 0 ~ 5 ℃，相对湿度 93% 左右条件下贮存。

五、产品质量评价

1. 外观形态

细腻均有有光泽，无爆肠。

2. 风　味

具有香肠特有的猪肉香气、混合辅料香气，香气协调，滋味协调，鲜甜适宜，有熏烤香气。

3. 质地口感

软硬适中。

六、注意事项

注意灌肠过程中对香肠插孔，否则易引起肠衣爆裂。

七、问题与讨论

比较世界香肠分类及其制作工艺。

SB/T 10279—2017

实验六　干酪的制作

一、实验目的

（1）熟悉干酪的加工工艺流程。

（2）掌握干酪的加工原理。

二、实验原理

干酪是以乳为原料，经杀菌后，在乳中加入适量的乳酸菌发酵剂或/和凝乳酶（或其他的凝乳剂），使乳蛋白质（主要是酪蛋白）凝固后，排除乳清，将凝块压成所需形状而制成的产品。

三、实验材料及实验设备

1. 实验材料

新鲜牛乳，氯化钙（食品级），凝乳酶，发酵剂（乳酸链球菌和保加利亚乳杆菌等），食盐等。

2. 实验设备及用具

恒温水浴锅，生化培养箱，电磁炉，滤布，不锈钢盆等。

四、实验内容

1. 工艺流程

原料乳→巴氏杀菌→冷却→添加发酵剂→添加氯化钙→添加凝乳酶→凝乳→凝块切割→排乳清→成型压榨→盐渍→成熟→成品

2. 操作要点

（1）巴氏杀菌　杀菌的目的是消灭乳中的致病菌和有害菌，使干酪质量稳定。在 75～80 ℃ 恒温水浴锅中保持 15～20 min。

（2）冷却、添加发酵剂　待牛乳冷却至 32 ℃ 加入发酵剂，发酵剂（乳酸链球菌和保加利亚乳杆菌）的量为原料乳量的 1%～2%。也可用酸奶代替，酸奶的添加量为 8%，边搅拌边加入，并在 30～32 ℃ 条件下充分搅拌 3～5 min。进行 60～90 min 的短期发酵。

（3）添加氯化钙　为了改善乳的凝固性能，可在原料乳中添加 0.05～0.2 g/kg 的 $CaCl_2$（预先配成 10% 的溶液），以调节盐类平衡，促进凝块形成。

（4）添加凝乳酶　搅拌 10 ~ 15 min 后加入凝乳酶，通常按凝乳酶的效价和原料乳的量计算凝乳酶的用量，本实验为 0.55 g/L，用 1% 的食盐水把酶配成 2% 的溶液，边搅拌边缓慢加入，加入乳中后充分搅拌均匀。

（5）凝乳、切割　添加凝乳酶后，在 32 ℃ 条件静置凝乳。判定方法：将通过酒精消毒的玻璃棒以 45°倾角插入凝乳中，缓慢拔出来，若插口光滑且插孔中有乳清（pH 为 4.6 时发生凝乳），可判断凝乳完成。切割需用奶酪刀，分为水平和垂直式两种。先沿着奶酪槽长轴用水平式刀平行切割，再用垂直式刀沿长轴垂直切，然后沿短轴垂直切，切成约 1 cm³ 的小立方体。

（6）排乳清　在水浴锅中，采用程序升温的方法进行凝乳。当温度达到 38 ~ 42 ℃ 时，停止加热并维持此温度一段时间，整个升温过程需要不停地搅拌以促进凝块的收缩和乳清的析出，防止凝块沉淀和相互粘连。凝块收缩到原来的一半，用手捏奶酪粒感觉有适度弹性，或者用手握一把奶酪粒，用力压出水分后放开，如果奶酪粒富有弹性，搓开仍能重新分散，即全部排出乳清。

（7）成型压榨　根据实验要求压制成块，大小适当即可。

（8）盐渍　采用湿盐法，将压榨后的生奶酪浸于盐水池中腌制，盐水浓度为 17% ~ 18%，浸泡 2 min 后取出，在奶酪表面撒盐防止微生物生长。

（9）成熟　奶酪的成熟在 7 ℃ 的生化培养箱中进行，相对湿度 85% ~ 90%。在培养箱中放入 2 个盛有一定量水的瓶子，使其保持一定的湿度。也可用霉菌培养箱效果更佳。当相对湿度一定时，软质奶酪的成熟仅需 20 ~ 30 d。

五、产品质量评价

1. 感官指标

参考 GB 5420—2010，从色泽、组织状态、滋味及气味等方面制订感官评价表进行评价。

2. 理化指标

（1）真菌毒素限量指标　参考 GB 2761—2017 执行。
（2）污染物限量指标　参考 GB 2762—2017 执行。

3. 微生物限量指标

大肠菌群、沙门氏菌、金黄色葡萄球菌、单细胞增生李斯特氏、酵母菌、霉菌等，参考 GB 5420—2010 执行。

六、注意事项

（1）为了防止微生物的生长繁殖，加盐时要涂抹要均匀。
（2）为了更好地凝乳，原料乳杀菌时要把握好温度，不宜过高。

七、问题与讨论

为什么有的奶酪上有霉菌的存在？

GB 5420—2010

GB 2762—2017

GB 2761—2017

实验七　肉松的制作

一、实验目的

（1）了解肉松的质量评价方法。
（2）熟悉擦松机的工作原理，掌握其操作方法。
（3）掌握肉松制作的一般工艺过程。掌握擦松机的操作方法。

二、实验原理

肉松是干燥肉制品的重要类型之一，也是我国著名的特产，可以由猪肉、牛肉、鸡肉和鱼肉加工制成。福建粉状肉松和太仓绒状肉松为我国具有代表性的两类肉松产品。肉松是将动物肌肉组织彻底煮烂，再经过擦松和炒干而制成的一种易贮藏和消化、吸收的干燥肉制品。

三、实验材料及实验设备

1. 实验材料

精瘦肉（猪肉），白砂糖，食盐，酱油，料酒，生姜，茴香等。

2. 实验设备及用具

擦松机，常压蒸煮锅，炒锅，厨刀，铲子，不锈钢盆，筛子等。

四、实验内容

1. 工艺流程

食盐、白砂糖、酱油、茴香等
↓
原料选择→预处理→煮制→擦松→炒松→冷却→过筛→成品

2. 参考配方

精瘦猪肉约 500 g，白砂糖 15 g，食盐约 12.5 g，酱油 50 g，料酒 7.5 g，生姜 2.5 g，茴香 0.6 g。

3. 操作要点

（1）原料选择　肉松制作可选择市售精瘦猪肉为主料，如背腰肉和臀腿肉的肌肉组织部分。

（2）预处理 选择的瘦猪肉要用厨刀剔除脂肪、筋腱、淋巴、骨和皮等不宜用于制作肉松的部分，尽可能保留肌肉组织。随后切分成 1 cm×1 cm×3 cm 的条状，洗净备用。

（3）煮制 将切好的肉条置于蒸煮锅中，加入刚好没过肉条的适量清水，煮沸后去掉浮沫。按配方加入各种调味料和香料，继续煮至肉烂，且在此过程中随时去掉浮沫等杂质。

（4）擦松 为了使肌纤维分散开来，采用擦松机进行擦松操作。

（5）炒松 将擦成丝的肉松置于专用炒锅中，快速地进行翻动炒制，通过炒锅温度控制水分散失速率，直至肉松呈棕黄色或黄褐色。

（6）冷却 在卫生条件优越的房间使肉松自然冷却。

（7）过筛 利用网筛滤除大颗粒团状肉松或肉块杂质，即为成品。

五、产品质量评价

（1）质量合格的肉松应是金黄色或淡黄色，无异味，絮状且纤维疏松。

（2）湿基水分含量低于 20%。

（3）无致病菌检出且其他微生物指标符合标准。

六、注意事项

（1）猪肉要新鲜且绝大部分为肌肉组织。

（2）酱油用量要适当，不宜使用颜色较深的酱油。

（3）炒制温度要适宜，以免糊化。

（4）煮制时间要足够长，以利于擦松操作。

七、问题与讨论

（1）擦松时肌肉组织不呈丝状的原因是什么？

（2）肉松色泽呈褐色或黑色的原因是什么？

（3）肉松呈较大团状的原因是什么？

肉松百度百科

实验八 蛋黄酱的制作

一、实验目的

（1）熟悉食品搅拌机、胶体磨的工作原理。
（2）掌握蛋黄酱制作的一般工艺过程。掌握食品搅拌机、胶体磨的基本操作方法。

二、实验原理

蛋黄中含有大量具有乳化功能的卵磷脂。蛋黄酱正是利用卵磷脂的乳化作用，以蛋黄为主料，以精炼植物油和食醋等为辅料加工而成的一种乳化状半固体食品。蛋黄酱富含不饱和脂肪酸、蛋白质、维生素 A 和维生素 B 等营养成分，具有非常高的营养价值，主要作为调味品，在中西餐点中都有使用。

三、实验材料及实验设备

1. 实验材料

蛋黄，食用油（大豆），果葡糖浆（75%果糖），食盐，芥末，可溶性胡椒，食醋，苹果醋，柠檬汁，水，乙二胺四乙酸二钠钙等。

2. 实验设备及用具

蛋清蛋黄分离器，搅拌机，胶体磨，液体灌装机，带盖玻璃瓶，立式灭菌锅等。

四、实验内容

1. 工艺流程

食盐、果葡糖浆　各种调味料
↓　　　↓

鲜蛋选择→清洗消毒→破壳分离→蛋黄→搅拌→搅拌→边搅边加料→

↑
交替加食醋和食用油

→乳化→装罐封盖→杀菌→成品

2. 参考配方

鸡蛋黄 8.5%，食用油 78.5%，果葡糖浆 1.5%，食盐约 1.2%，芥末 0.45%，可溶性胡椒

（以盐或葡萄糖为载体）0.05%，食醋 3.5%，苹果醋 0.25%，柠檬汁 0.25%，水 5.8%，乙二胺四乙酸二钠钙 0.005%。

3. 操作要点

（1）鲜蛋选择　选择新鲜的鸡蛋，蛋黄指数大于 0.4。

（2）清洗消毒　用清水洗去鸡蛋表面的泥土污物和粪便。洗净的鸡蛋用 1%高锰酸钾杀菌，之后用无菌水冲洗去除高锰酸钾残留。

（3）破壳分离　敲破蛋壳，用蛋清蛋黄分离器分离蛋黄。蛋黄置于容器中并置于 60 ℃水浴 3~5 min，进行巴氏杀菌。

（4）搅拌　加入食用盐和果葡糖浆后以低速搅拌均匀。

（5）搅拌　按照配方加入盐、芥末、可溶性胡椒、乙二胺四乙酸二钠钙，并适当提高转速继续搅拌均匀，使其保持黏稠状态 2~3 min，使其逐步冷却。

（6）边搅拌边加料　降低搅拌器温度至 8~10 ℃，边加食醋边搅拌，随后边加食用油边搅拌，醋和食用油交替加入，在油快加完时添加其余辅料并快速搅拌至均匀。

（7）乳化　利用胶体磨进一步乳化蛋黄酱体系 1 min。

（8）装罐封盖　将蛋黄酱装入预煮杀菌后的玻璃罐，并封罐。

（9）杀菌　采用 60 ℃巴氏杀菌 3~5 min，冷却后即为成品。

五、产品质量评价

（1）质量合格的蛋黄酱具有稳定均匀、细嫩的乳黄色，无杂色，口感醇香，无不良气味等特性。

（2）湿基水分含量低于 20%。

（3）长期放置不出现分层等现象。

（4）无致病菌检出且其他微生物指标符合标准。

六、注意事项

（1）搅拌机的转速要逐步增加，以保证油充分混合与分散。

（2）由于蛋黄酱含有大量蛋白质，不宜高温杀菌，仅能采用巴氏杀菌。

（3）选择适宜型号的搅拌器或添加适量的物料，以保证转子与物料的接触面积。

（4）醋应选择白醋，而不宜选择黑色香醋。

七、问题与讨论

（1）蛋黄酱不呈乳液状态的原因是什么？

（2）蛋黄酱颜色呈黑褐色是因为什么？

（3）蛋黄酱成品放置一段时间后分层的原因是什么？

蛋黄酱

实验九　咸蛋的制作

一、实验目的

（1）熟悉食盐在食品保藏中的应用。

（2）掌握咸蛋制作的一般工艺过程。

二、实验原理

咸蛋主要是通过食盐腌制鸭蛋或鸡蛋制成。在咸蛋制作过程中，氯化钠能通过蛋壳表面的气孔逐渐向蛋白膜、蛋白和蛋黄渗透与扩散，最终使蛋具有一定的防腐能力和特殊风味。食盐在咸蛋制作中的主要功能为：脱水作用，抑制微生物，抑制酶活力，使蛋白凝固和赋予特殊风味。

三、实验材料及实验设备

1. 实验材料

鸭蛋，食盐，草木灰，水等。

2. 实验设备及用具

打浆机，土陶缸等。

四、实验内容

1. 工艺流程

原料选择→照蛋→敲打→分级

↓

配料→打浆→验料→静置成熟→搅拌均匀，煮制→提浆裹灰→

→封缸密封→成熟→贮藏→成品

2. 参考配方

100 枚鸭蛋，草木灰约 2.5 kg，食盐 0.8 kg，水 1.25 kg。

3. 操作要点

（1）原料选择　选用新鲜鸭蛋作为咸蛋制作的主要材料。通过照蛋观察蛋黄与蛋清状态是否完好；同时在同一手掌中轻微震动三枚鸭蛋，仔细聆听鸭蛋相互碰撞的声音，判断鸭蛋壳是否具有裂痕。最后对筛选出的鸭蛋依据大小进行分级。

（2）配料　依据配方，按照比例混合配料。将称取好的食盐溶入量好的水中。

（3）打浆　将 2/3 的草木灰与食盐水混合，并用打浆机充分混合均匀。

（4）验料　将手指插入灰浆内，取出后手上灰浆黑色发亮，灰浆不流、不成块和团状下坠，静置无起泡。

（5）静置成熟　静置过夜即可。

（6）搅拌均匀煮制　在不停搅拌的情况下煮沸灰浆以杀菌。

（7）封缸密封　包裹好草木灰的鸭蛋应尽快装入土陶缸中成熟。

（7）贮藏　咸蛋成熟后要置于温度低于 25 ℃，湿度 85% ~ 90%环境中贮藏。

五、产品质量评价

（1）质量合格的咸蛋经过煮熟后，其咸度适宜，蛋黄呈鲜艳油润的橘红色且具有特殊的风味，气味馨香无异味。

（2）由于咸蛋贮藏在高湿环境中，合格咸蛋应无致病菌检出且其他微生物指标符合标准。

六、注意事项

（1）鸭蛋因具有更高含量的脂肪，比鸡蛋更适宜制作咸蛋。

（2）食盐用量可依据季节进行增减，夏季比冬季用量少。

（3）夏季成熟时间比冬季短，应避免成熟过渡。

（4）咸蛋应尽快食用，贮藏时间不宜超过 2 个月。

七、问题与讨论

（1）咸蛋在成熟或贮藏过程中散发出臭味等异味的原因是什么？

（2）咸蛋盐含量过高的原因是什么？

（3）提浆过程中，鸭蛋表面不挂浆的原因是什么？

实验十　川式卤肉的制作

一、实验目的

（1）熟悉食品蒸煮设备和真空包装设备的工作原理，掌握它们的使用方法。

（2）掌握川式卤肉的一般制作工艺过程。

二、实验原理

川式卤肉是肉在水中加入食盐、酱油、辣椒、花椒等具有川渝地区特色的香辛料而共同长时间煮制而成。通过卤制过程，赋予卤肉特有的色泽、口感、滋味和香味。该种肉制品的色泽和风味主要取决于调味料。

三、实验材料及实验设备

1. 实验材料

瘦猪肉，食盐，白砂糖，料酒，酱油，大葱，生姜，大蒜，味精，干辣椒，花椒，八角，豆蔻，茴香，桂皮，月桂叶，草果等。

2. 实验设备及用具

粉碎机，蒸煮锅，真空包装机，酒精喷枪等。

四、实验内容

1. 工艺流程

```
        香辛料→磨粉
              ↓
选料→预煮→整形→酱制→冷却→真空包装→成品
              ↑
     葱、姜、蒜、味精、白糖、酱油、料酒等
```

2. 参考配方

猪肉 500 g，食盐 17.5 g，白砂糖 7.5 g，料酒 2.5 g，酱油 10 g，生姜 2.5 g，大葱 2.5 g，大蒜 1 g，干辣椒 10 g，花椒 8 g，八角 2 颗，豆蔻 0.5 g，茴香 3 g，桂皮 3 g，月桂叶 8 g，草果 2 颗。

3. 操作要点

（1）选料　选用新鲜猪肉，以肘子肉为宜。用酒精喷枪烧灼表皮以去除毛发，随后用清水洗净。

（2）预煮、整形　将清洗好的猪肉置于蒸煮锅中，加入 2 倍清水，煮沸后取出猪肉置于洁净冰水中冷却。冷后的猪肉进行整形。

（3）酱制　香辛料在略微炒制后用粉碎机磨粉，将香料粉加入无水的蒸煮锅中。随后加入葱、姜、蒜、味精、白砂糖、酱油、料酒等调料。放入整形好的猪肉并加入 2 倍清水。先大火煮沸，再文火煮制，直至肉质软烂。

（4）冷却　将煮好的猪肉置于无菌的冰水中冷却。

（5）包装　冷却后的卤肉应立即进行真空包装，也可以简装冷藏。

五、产品质量评价

（1）质量合格的川式卤肉应具有肉质酥软，风味浓郁，色泽红亮和香味独特的特点。

（2）卤肉制品不易保存，应无致病菌检出且其他微生物指标符合标准。

六、注意事项

（1）肉与香料比例应适当，香料不宜过多。

（2）香料粉应置于纱布包中，以避免粉状香料进入猪肉组织缝隙中影响口感。

（3）制作卤肉的主料不宜含有过多脂肪组织。

七、问题与讨论

（1）卤肉色泽泛白的主要原因是什么？

（2）卤肉质构特性差是因为什么？

实验十一　鱼肉脯的制作

一、实验目的

（1）熟悉油炸设备、鼓风干燥设备和真空包装机的工作原理。

（2）掌握鱼肉脯的一般制作工艺过程。掌握油炸设备、鼓风干燥设备和真空包装机的操作方法。

二、实验原理

鱼肉脯是以草鱼、鲢鱼和鲤鱼等经济鱼类为主要原材料，通过甩干、烘干和油炸等多次脱水工艺制成的口味鲜香，营养丰富的方便食品。

三、实验材料及实验设备

1. 实验材料

淡水鱼（草鱼等），食盐，白砂糖，料酒，焦磷酸钠，碳酸钠，酱油，大葱，姜粉，大蒜，味精，胡椒粉，干辣椒，花椒，八角，桂皮，月桂叶等。

2. 实验设备及用具

搅拌机，甩干机，鼓风干燥机，斩拌机，油炸锅，真空包装机，厨刀等。

四、实验内容

1. 工艺流程

原料选择→整理→切分鱼片→漂洗→甩干脱水→擂溃→摊片→烘干→切片→油炸→浸汁→去油→烘制→真空包装→成品

2. 参考配方

（1）擂溃配方　以鱼肉重量计，3%食盐水，0.2%味精，3%白砂糖，0.2%五香粉，0.3%姜粉，0.2%焦磷酸钠，4%淀粉。

（2）浸汁配方　以鱼肉重量计，0.1%姜粉，1.8%酱油，1.5%白砂糖，0.4%食盐，0.03%味精，0.1%胡椒粉，0.1%干辣椒，1.5%八角，1.5%桂皮，30%清水。

3. 操作要点

（1）原料选择　选择鲜活草鱼，重量超过 1.5 kg 为宜。

（2）整理　宰杀后的草鱼胴体在 80～85 ℃ 的 3%碳酸钠溶液中浸泡 10～15 s。取出草鱼置于冰水中冷却并搅动，随后用厨刀去掉鱼皮。

（3）切分鱼片　用厨刀取下鱼肉，剔除脊骨和肋骨。

（4）漂洗　用 6%食盐溶液浸泡鱼肉 30 min，随后用清水冲洗 2～3 min，沥去过多水分后，将鱼肉置于水盆中并加入 5 倍清水，慢速搅拌 8～10 min 后静置 10 min，去除液体，重复 3 次。

（5）甩干脱水　将鱼肉置于纱布袋并放入甩干机中脱去过多水分。

（6）擂溃　首先，将鱼肉置于斩拌机，斩拌 5 min。随后，向鱼糜中加入 3%食盐水继续斩拌 10 min；直至鱼糜变成胶状。最后，向鱼糜加入味精、白砂糖、五香粉等调味料，继续搅拌 3 min。在搅拌结束前加入淀粉糊继续搅拌。

（7）摊片　取鱼糜置于不锈钢凹型（2～3 mm）平板上，压紧鱼糜使其厚薄一致，并使表面平整且内无空隙。

（8）烘干　用鼓风干燥机在 45 ℃ 烘至鱼糜表面形成膜状物。脱膜后的鱼糜放在不锈钢网上继续于 50 ℃ 干至湿基水分 20%。

（9）切片　用厨刀或切片机将鱼糜按规格大小切片。

（10）油炸　油炸锅中加入棕榈油，升温至 200 ℃，投入切好的鱼糜。在不停轻轻翻动的情况下炸至表面金黄，随后捞出沥油。

（11）浸汁　按配方将香辛料加入锅中小火慢炖 3 h，捞出香料后大火浓缩汤汁至 300 g。浓缩汤汁用纱布过滤后加入适量酱油在搅拌状态下继续加热至微沸。将炸好的鱼肉脯趁热浸泡入调味汁中 10～15 s，捞出沥干。

（12）烘制　用鼓风干燥箱将鱼肉脯于 100 ℃ 下烘至酥脆。

（13）真空包装　冷却后的鱼肉脯置于密封袋中抽真空密封即为成品。

五、产品质量评价

（1）质量合格的鱼肉脯表皮金黄，口感酥脆、无鱼腥味，具有独特的香味和滋味。鱼肉脯外观呈矩形的片状。

（2）鱼肉制品富含微生物生长所需的营养物质，不易储存，应无致病菌检出且其他微生物指标符合标准。

六、注意事项

（1）在鱼宰杀过程中应保证鱼胆囊完好。

（2）3 次漂洗过程的最后一次可用 0.15%盐水进行漂洗。

（3）鱼糜的斩拌操作应适宜，过细无韧性，过粗则不宜调味。

（4）鱼糜油炸时间不宜过长，温度不宜过高，以避免鱼糜发硬。

七、问题与讨论

（1）鱼糜油炸不呈金黄色的原因是什么？

（2）鱼糜肉质偏硬且表皮为硬壳状是因为什么？

（3）鱼糜无法切片成形的原因是什么？

实验十二　鱼丸的制作

一、实验目的

（1）熟悉斩拌机、鱼肉采集设备和蒸箱的工作原理。

（2）掌握鱼丸的一般制作工艺过程。掌握斩拌机、鱼肉采集设备和蒸箱机的使用方法。

二、实验原理

鱼丸亦名"水丸"，古时称"氽鱼丸"，是用海鱼或者淡水鱼为原材料，通过机械作用使肌纤维破坏，促进了鱼肉中盐溶性蛋白的溶解，与水混合后发生水合作用并聚合成黏性很强的肌动球蛋白溶胶；再经过蒸制使肌动球蛋白溶胶发生凝固收缩，并相互结成网状结构固定下来，形成富有弹性的鱼丸。

三、实验材料及实验设备

1. 实验材料

鲢鳙鱼，食盐，淀粉，鸡蛋，黄酒，胡椒粉，水。

2. 实验设备及用具

搅拌机，甩干机，鼓风干燥机，斩拌机，油炸锅，真空包装机，厨刀。

四、实验内容

1. 工艺流程

原理选择→清洗与宰杀→采肉→漂洗→脱水→精滤→擂溃→成型→加热凝胶化→冷却→包装→成品

2. 参考配方

鱼肉 500 g，鸡蛋清 1 个，黄酒 10 g，食盐 2 g，胡椒粉 2 g，淀粉 20 g，清水 150 g。

3. 操作要点

（1）原料选择　选择鲜活胖头鱼，重量超过 2.5 kg 为宜。

（2）清洗与宰杀　宰杀后的鲢鳙鱼去除鱼鳞、内脏和鱼鳃等，取下鱼肉并洗去血渍。

（3）采用　用鱼肉采集机自动制作并采集鱼糜。

（4）漂洗　将鱼糜放入低温清水（< 10 ℃）中，缓慢搅拌 5 ~ 10 min，随后静置沉降。

弃去清水表面的油脂和污物后，再加低温清水漂洗 2 次，直至鱼肉白净且无腥味。

（5）脱水 将鱼糜置于紧密纱布袋中，随后低速甩干，以脱去过多水分。

（6）精滤 用细纱布过滤鱼糜中的鱼刺和鱼骨。

（7）擂溃 将经处理好的鱼糜放入斩拌机中，低温斩拌 5 ~ 10 min。随后加入 2.5%的食盐溶液继续斩拌 20 ~ 30 min。之后加入淀粉等辅料和香辛料，继续斩拌 10 ~ 15 min。

（8）成形 将擂溃完成的鱼糜置于鱼丸成型机中，挤压成直径 2 cm 左右的丸状。

（9）加热凝胶化 将成形的鱼丸置于蒸箱中蒸制 15 min，使其定型并在此过程中杀灭一部分微生物。

（10）冷却 形成稳定凝胶化丸状体后应立即冷却，以免变形。

（11）包装 冷却后的鱼丸应立即置于速冻箱中进行速冻，随后密封包装，冻藏。

五、产品质量评价

（1）品质合格的鱼丸色泽洁净，呈乳白色或淡黄色；外形均匀饱满，外表面光滑。

（2）具有清幽的淡水鱼味，无异味；口感爽滑弹牙，口味纯正，具有淡水鱼的鲜味。

（3）无致病菌，菌落总数小于 5×10^4 cfu/g，大肠杆菌数小于 450 cfu/l00g。

六、注意事项

（1）在鱼宰杀过程中应保证鱼胆囊完好，以避免鱼肉发苦。

（2）斩拌时间要适宜，斩拌程度不够，盐溶性蛋白溶出率低，弹性差；斩拌过度，肌动球蛋白变性，弹性亦低。

（3）斩拌加水量要适宜，水过少鱼丸发硬且易开裂；水过多鱼丸不易成形且易变形。

（4）鱼糜精滤使用的纱布应具有较低的孔隙率，从而确保无鱼骨和鱼鳞等混入鱼糜中。

七、问题与讨论

（1）鱼丸成不规则椭圆形的原因是什么？

（2）鱼丸色泽过黄的原因什么？

（3）鱼丸无法挤压成形的原因是什么？

实验十三　冰淇淋的制作

一、实验目的

（1）了解巴氏灭菌、均质、老化、凝冻这几道工序对冰淇淋品质的影响。
（2）熟悉冰淇淋机的工作原理。
（3）掌握软质冰淇淋的加工方法。掌握冰淇淋机的操作方法。

二、实验原理

冰淇淋是夏季的嗜好饮料，也是一种营养食品。是以饮用水、乳品、蛋品、甜味料、食用油脂等为主要原料，加入适量的香味料、稳定剂、着色剂、乳化剂等食品添加剂，经混合、灭菌、均质、老化、凝冻等工艺，再经成形、硬化等工艺制成。冰淇淋由约 50%的空气、32%的水分和18%的干物质构成。

三、实验材料及设备用具

1. 实验材料

奶油，甜炼乳，全脂奶粉，白砂糖，鸡蛋，香蕉、柑橘等水果，柠檬酸，羧甲基纤维素钠（CMC-Na），黄原胶，单甘酯等。

2. 实验设备及用具

冰淇淋机，均质机，冰箱，电磁炉，不锈钢锅，水浴锅，榨汁机，胶体磨，温度计，台秤，搅拌棒等。

四、实验内容

1. 工艺流程

原料配制→原料混合→杀菌→均质→冷却→老化→凝冻→灌装

2. 参考配方

全脂奶粉 8%，奶油 5%，白砂糖 14%，单甘酯 0.25%，CMC-Na 0.35%，水 72.4%。

3. 操作要点

（1）原料配制　在白糖中加入适量的水，加热溶解后经 120 目筛过滤后备用。将明胶用冷水洗净，再加入温水制成 10%的溶液备用。鲜蛋去壳后除去蛋白，将蛋黄搅拌均匀后备用。在不锈钢锅内先加入一定量的水，预热至 50~60 ℃，加入速溶全脂乳粉，甜炼乳，奶油，单甘酯和蛋黄，搅拌均匀后，再加入经过过滤的糖液和明胶溶液，加水至定量。

（2）杀菌　杀菌的目的不仅可以杀灭有害微生物，并可使制品组织均匀，气味良好。将装有配制好的混合原料的不锈钢锅，放入水浴锅中，混合料的杀菌采用 60~70 ℃（指混合原料的温度），保持 20~30 min，杀菌时应将各种原料进行充分搅拌，充分混合。

（3）均质　采用 60~70 ℃，压力 10~20 MPa 均质条件最适宜。均质的作用：增加混合料的黏度，凝冻搅拌时气泡容易混入，提高膨胀率，且能够使组织滑润，防止脂肪分离，还能提高脂肪的消化率，增强成品的稳定性，不易融化。

（4）冷却、老化　先将杀菌后的混合物迅速冷却至室温，然后放入冰柜冷却老化 4~24 h。增加蛋白质与稳定剂的水合作用，促进脂肪的乳化，提高混合料稳定性，增加料液黏度，提高膨胀率。

（5）凝冻　混合料在强力搅拌下进行冻结，空气呈极微细的气泡分散在混合料中。凝冻温度-4~-6 ℃，每隔半小时从冰箱中取出，充分搅打，使混合料的体积增大，使冰淇淋的膨胀率达到 90%~100%。

（6）硬化　凝冻后冰淇料中 20%~40% 的水分结成冰晶，呈半流体状态。在-25~-40 ℃条件下进行速冻，冰淇淋中所含水分的 90%~95% 都形成结晶，硬化时间以容器中心温度达-18 ℃以下为准。成为具有一定硬度，细腻、润滑的成品。

（7）使用冰淇淋机进行凝冻硬化　将老化好的混合原料倒入冰淇淋机的凝冻筒内，先开动搅拌器，再开动冰淇淋机的制冷压缩机制冷。速度及凝冻时间：搅拌转速应保持在 150~200 r/min，搅拌 10~15 min 后即可制成。成品冰淇淋呈半固体状即可出料，膨胀率为 80%~100%，此时成品温度在-2~-4 ℃内。

五、产品质量评价

1. 滋　味
甜度适中，可口。

2. 气　味
奶香味纯正、豆香味适中。

3. 组织状态
细腻、润滑、无明显粗糙冰晶、无气孔。

4. 颜色形态
形态完整，不变形、不软塌、不收缩。

六、注意事项

（1）在整个制作过程中，要严格按照食品卫生的要求操作，并详细记录各主要工艺参数，原料的搅拌最好始终朝同一方向。

（2）冰淇淋凝冻机用过后，要用热水彻底清洗。

七、问题与讨论

生产冰淇淋时，为什么产品有时膨胀率不高？

实验十四　酸奶的制作

一、实验目的

（1）了解发酵剂制备的过程和操作要点。
（2）熟悉酸奶的感官评定及理化检测方法。
（3）掌握酸奶的基本原理和制作方法。

二、实验原理

酸乳是在牛乳中加入乳酸菌发酵剂，由于乳酸发酵使牛乳的 pH 值降至其等电点凝固而成的一种产品。乳酸发酵受到原料乳质量和处理方式、发酵剂的种类和加入量、发酵温度和时间等多种因素的影响。

三、实验材料及实验设备及用具

1.实验材料

脱脂乳粉、全脂奶粉或牛乳，白砂糖，氢氧化钠，乳酸菌菌种（一般为嗜热链球菌、保加利亚乳杆菌之比=1∶1），乳酸菌培养基等。

2.实验设备

恒温培养箱，恒温水浴锅，高压灭菌锅，均质机等。

四、实验内容

1.工艺流程

或奶粉→复原 ┐
生牛乳→原料乳检验→配料→均质→杀菌→冷却→接种→灌装→发酵→后熟→检验→成品

2.参考配方

奶粉 12%～15%，白砂糖 5%～8%，发酵剂 3%～5 %。

3.操作要点

（1）原料乳检验
①感官检验　色泽、气味、滋味和组织状态鉴定合格。

② 新鲜度检验　煮沸试验合格、酸度 < 18 °T。

③ 微生物检验　杂菌数≤500 000 cfu/mL。

（2）发酵剂制备

① 扩大培养顺序　乳酸菌纯培养物 → 母发酵剂 → 中间发酵剂 → 工作发酵剂

② 培养基的选择　母发酵剂、中间发酵剂的培养基一般用高质量无抗菌素残留的脱脂乳粉制备，培养基干物质含量为 10% ~ 12%。115 °C，15 min 或 90 °C，30 min 杀菌。用作工作发酵剂的培养基可用高质量、无生菌素残留的脱脂乳粉或全脂乳制备。推荐杀菌温度和时间：90 °C，30 min。

③ 制备流程　三角瓶灭菌（160 °C，1.5 h）→配培养基（10% ~ 12%的脱脂乳培养基）→培养基灭菌（115 °C，15 min）→冷却（43 °C±1 °C）→接种（已活化的乳酸菌纯菌种）→培养（43 °C±1 °C）→凝固（滴定酸度 80 ~ 100 °T）

（3）复原　如果原料为奶粉应加入一定比例的热水进行溶解。热水温度控制在 55 ~ 65 °C。

（4）配料　奶粉 12% ~ 15%，白砂糖 5% ~ 8%。

（5）均质　均质温度为 60 ~ 75 °C，均质压力为 20 ~ 25 MPa，均质时间为 3 ~ 5 min。

（6）杀菌、冷却　杀菌条件为：85 °C，15 min。冷却至 42 ~ 45 °C。

（7）接种、灌装　按 3% ~ 5%的比例把工作发酵剂加到混料之中，搅拌均匀。（加酸奶 5% ~ 10%），把搅拌均匀后的料装入玻璃杯，每杯 150 g。

（8）发酵　把接种混料放入培养箱，在 43 °C 培养，每隔 30 min 测定酸度和 pH 值。当混料的 pH 值降至 4.6 ~ 4.8，酸度达到 70 ~ 80 °T，凝乳组织均匀、致密，无乳清析出，表明凝块质地良好，达到发酵终点。

（9）后熟　把酸乳置于 0 ~ 4 °C 冰箱中冷藏 4 h 以上，进一步产香且有利于乳清吸收。

五、产品质量评价

1. 感官指标

参考 GB 19302—2010，从色泽、滋味、气味、组织状态等方面制作感官评定表进行评价。

2. 理化指标

（1）脂肪、非脂乳固体、蛋白质、酸度等方面　参考 GB 19302—2010 执行。

（2）真菌毒素限量指标　参考 GB 2761—2017 执行。

（3）污染物限量指标　参考 GB 2762—2017 执行。

3. 微生物指标

乳酸菌、酵母菌、霉菌、大肠菌群、沙门氏菌、金黄色葡萄球菌，参考 GB 19302—2010 执行。

六、注意事项

（1）注意无菌操作，防止菌种污染导致发酵失败。

（2）注意判断发酵终点。

七、问题与讨论

牛乳的杀菌工艺有哪几种？其中哪种在酸乳生产中最合适？

GB 19302—2010

第四节　食品功能性成分提取及加工实验

实验一　茶多酚的提取

一、实验目的

（1）了解提取剂、沉淀剂的种类、性能及使用方法。
（2）掌握茶多酚提取原理及工艺流程。

二、实验原理

　　离子沉淀法是利用金属离子沉淀茶多酚，使其与咖啡因分离的一种方法。其步骤是把茶叶用热水或乙醇溶液浸提过滤，然后调节滤液的 pH 为碱性，再加入沉淀剂把茶多酚沉淀出来，用稀硫酸溶解后再用乙酸乙酯萃取，把得到的含茶多酚的乙酸乙酯溶液经减压蒸馏、浓缩、干燥得到茶多酚。离子沉淀法的优点是有机溶剂用量少，产品无毒，纯度较高，具有工艺比较简单，成本相对较低，选择性强，产率较高等特点。

三、实验材料与设备

1. 实验材料

低档龙井茶末，茶多酚，乙酸乙酯，氯化锌、硫酸，碳酸氢钠，无水硫酸钠等。

2. 实验设备及用具

冷冻离心机，紫外分光光度仪等。

四、实验内容

1. 提取流程

```
            溶剂  沉淀剂、碱调 pH        40%硫酸、乙酸乙酯
             ↓     ↓                      ↓
茶叶（灰/末）→提取→沉淀→离心→转溶→减压→萃取→有机层→蒸馏→茶多酚（TP）
粉末→测其含量→收率
```

2. 操作要点

（1）提取　称取茶末 10 g，选择溶剂为 20%乙醇，每次溶剂用量为干茶叶的 7~10 倍，

于恒温水浴锅中，控制温度 70～80 ℃，提取 3 次，每次时间为 30 min，合并提取液，加入 1.5～2.5 g 氯化锌（沉淀剂），用碳酸氢钠调节 pH 值（6.4～8.0），静置沉淀 60 min，离心分离，弃去水层，沉淀用 40% H_2SO_4 溶解，乙酸乙酯萃取酸水层 3 次，合并有机层，无水硫酸钠干燥，减压蒸去溶剂得 TP 固体粉末，按 GB/T 8313—2008 测定其含量。

（2）茶多酚的测定方法

① 准确移取供试液适量，注入 25 mL 的容量瓶中，加水 4 mL 和酒石酸亚铁溶液 3 mL，充分混匀，再加 pH 7.5 磷酸盐缓冲液至刻度，用 10 mm 的比色杯，在波长 540 nm 处，以试剂空白溶液作为参比，测定吸光度（A）。

② 用已知含量的茶多酚作为对照品，用外标法测定茶多酚样品的含量。

③ 标准曲线制作　称取 1.2215 g 茶多酚定容至 250 mL，浓度为 4886 μg/mL。取此溶液 0.10 mL、0.15 mL、0.25 mL、0.35 mL 和 0.40 mL，按 GB/T 8313—2008 配制，在 540 nm 处测其吸光度。从实验可知浓度和吸光度在 19.544～78.200 μg/mL 内的线性关系为 $C=1.271\,02A-1.84$，相关系数 $r=0.9988$，所以用此原理可以测定茶多酚的含量。

五、产品质量评价

成品应色泽为浅黄色或浅绿色粉末，易溶于温水和含水乙醇中，稳定性强，无毒副作用，无异味。

六、注意事项

（1）配制稀硫酸时，注意其对身体的腐蚀性。

（2）做标准曲线时，其相关系数必须达到两个 9 及以上。

七、问题与讨论

（1）如何除去妨碍茶多酚被提取出来的多种杂质？

（2）金属离子沉淀法提取茶多酚的缺点是什么？

GB/T 8313—2008

实验二　柚皮苷的提取

一、实验目的

（1）掌握柚皮苷提取原理及工艺条件。
（2）掌握旋转蒸发仪等常规仪器设备的使用，获得提取功能成分的独立实验能力。

二、实验原理

利用"相似相溶"原理，混合物中各种组分在某种溶剂中溶解度的不同而使混合物分离的方法。用适当的溶剂将固体样品中某种待测成分浸提出来，又称"液-固萃取法"。

三、实验材料及实验设备

1. 实验材料

柚子皮，乙醇，滤纸等。

2. 实验设备及用具

旋转蒸发仪，鼓风干燥箱，恒温水浴锅，研钵，筛子，剪刀、菜刀等。

四、实验内容

1. 工艺流程

柚皮→清洗→剪碎→烘干→磨粉→筛分→浸提→过滤→浓缩→干燥→成品

2. 操作要点

（1）清洗、烘干、磨粉、筛分　将柚皮清洗干净后，切成薄片，60 ℃下在恒温干燥箱中干燥 3 h，磨粉，过 80 目筛。

（2）浸提、过滤　称取 2.00 g 柚皮粉，加入浓度为 70%乙醇溶液中浸提，按液料比为 40∶1，超声提取 20 min 后，用滤纸过滤。

（3）浓缩、干燥　滤液在 60 ℃下用旋转蒸发仪浓缩 30 min 至不再有液体馏出，剩余溶液置于 60 ℃恒温干燥箱干燥 3 h，得粗柚皮苷。

五、产品计算得率

$$得率=（m_2-m_0）/m_1×100\%$$

式中　m_0——空烧杯的重量；

　　　m_1——柚皮粉和空烧杯的重量；

　　　m_2——提取物烘干后与烧杯的总重。

六、注意事项

（1）有机溶剂使用时注意室内通风，或在通风橱里进行操作。

（2）注意旋转蒸发仪的正确使用。

七、问题与讨论

查阅资料，学习柚皮苷化合物的分类及结构。

晒干的柚皮不仅香，更可消炎美容哦！

实验三 果胶的提取

一、实验目的

（1）了解果胶的相关性质。

（2）掌握从柑橘皮中提取果胶的方法。

二、实验原理

果胶物质广泛存在于植物中，主要分布于细胞壁之间的中胶层，尤其以果蔬中含量为多。不同的果蔬含果胶物质的量不同，山楂约为 6.6%，柑橘为 0.7%~1.5%，南瓜含量较多，为 7%~17%。在果蔬中，尤其是在未成熟的水果和果皮中，果胶多数以原果胶存在。原果胶不溶于水，用酸水解，生成可溶性果胶，再进行脱色、沉淀、干燥即得商品果胶。从柑橘皮中提取的果胶是高酯化度的果胶，在食品工业中常用来制作果酱、果冻等食品。

果胶是一种不均一多糖，柑橘皮中含有丰富的果胶。原果胶不溶于水，所以要先加热并用酸水解，水解后的果胶转化为可溶性的果胶，然后用乙醇将其沉淀，可得到果胶的粗提物。

三、实验材料及实验设备

1. 实验材料

柑橘皮（新鲜或干品），95%乙醇，0.2 mol/L 盐酸，6 mol/L 氨水，活性炭。

2. 实验设备及用具

恒温水浴锅，真空泵，抽滤瓶，玻璃棒，酸度计，表面皿，滤纸，烧杯，电子天平，小刀。

四、实验内容

1. 工艺流程

柑橘皮→清洗→加热灭酶→切粒→漂洗→浸提→过滤→脱色→抽滤→提取果胶→干燥→成品

2. 操作要点

（1）称取新鲜柑橘皮 20 g（干品为 8 g），用清水洗净后，放入 250 mL 烧杯中，加 120 mL 水，加热至 90 ℃，保温 5~10 min，使酶失活。用水冲洗后切成 3~5 mm 大小的颗粒，用

50 ℃ 左右的热水漂洗，直至水为无色，果皮无异味为止。每次漂洗都要把果皮用尼龙布挤干，再进行下一次漂洗。

（2）将处理过的果皮粒放入烧杯中，加入 0.2 mol/L 的盐酸，以浸没果皮为度，调溶液的 pH 在 2.0 ~ 2.5。加热至 90 ℃，在恒温水浴中保温 40 min，保温期间要不断地搅动，趁热用真空泵抽滤，收集滤液，滤液中含可溶性果胶。

（3）在滤液中加入 0.5% ~ 1% 的活性炭，加热至 80 ℃，脱色 20 min，趁热抽滤（如橘皮漂洗干净，滤液清澈，则可不脱色）。

（4）滤液冷却后，用 6 mol/L 氨水调 pH 至 3 ~ 4，在不断搅拌下缓缓地加入 95% 酒精溶液，加入乙醇的量为原滤液体积的 1.5 倍（使其中酒精的质量分数达 50% ~ 60%）。酒精加入过程中即可看到絮状果胶物质析出，静置 20 min 后，用滤纸过滤制得湿果胶。

（5）将湿果胶和滤纸放入表面皿中摊开，在 100 ℃ 烘干，制得干果胶。

五、产品得率计算

果胶提取率表示为：

$$得率 = B/E \times 100\%$$

式中　B——提取的果胶量；

　　　E——原料量。

六、注意事项

（1）脱色中如抽滤困难可加入 2% ~ 4% 的硅藻土做助滤剂。
（2）湿果胶用无水乙醇洗涤，可进行 2 次。
（3）滤液可用分馏法回收酒精。

七、问题与讨论

（1）果胶存在于植物的什么部位？
（2）从橘皮中提取果胶时，为什么要加热使酶失活？
（3）酸水解前，为什么要 100 ℃ 水浴加热？
（4）沉淀果胶除用乙醇外，还可用什么试剂？
（5）在工业上，可用什么果蔬原料提取果胶？

实验四　辣椒红色素的提取

一、实验目的

（1）了解分离活性有机化合物的过程和基本操作。

（2）掌握索氏提取、薄层色谱和吸光度测定等操作技术。

二、实验原理

红辣椒中含有多种色素，其含量可高达 3.2 g/100 g（成熟的干辣椒），已知的有辣椒红色素（ $C_{40}H_{56}O_3$ ，M=584.85 g/mol）、辣椒玉红素（ $C_{40}H_{56}O_4$ ，M=600.85 g/mol）和 β-胡萝卜素，它们都是类胡萝卜素，在结构上都属于二环四萜化合物。辣椒红色素是深红色黏性液体或深胭脂红色结晶的天然食用色素，并具有营养保健作用和抗癌能力。辣椒红色素易溶于乙醇、丙酮、二氯甲烷、植物油，而不溶于甘油和水。

辣椒中含有强烈辛辣味的辣素（辣椒碱），含量一般为 0.2%～0.5%。固态辣椒碱是白色或淡黄色针状晶体，不溶于水，易溶于乙醇、乙醚、苯、氯仿。其酚羟基具有弱酸性，可溶于 NaOH 溶液中。用有机溶剂提取红辣椒中的辣椒红色素过程中，需先除去辣椒碱，提取得到的辣椒色素经浓缩、干燥后，可用薄层色谱进行分析分离，由分光光度法测定辣椒红色素的色价及含量。

三、实验材料及实验设备

1. 实验材料

红辣椒，毛细管，沸石，纱布，脱脂棉，滤纸，擦镜纸，pH 试纸，95%乙醇，丙酮，石油醚（沸点 30～60 ℃），5%氢氧化钠溶液。

2. 实验仪器及器具

圆底烧瓶，索氏提取器，直型水冷凝管，蒸馏头，层析缸，硅胶 CMC-Na（羧甲基纤维素钠）薄层板，烧杯，锥形瓶，试剂瓶，量筒，点滴板，温度计，电热套，恒温水浴锅，分光光度计，电子天平，组织捣碎机，电吹风，剪刀，玻璃棒。

四、实验内容

1. 工艺流程

加入沸石、丙酮

↓

红辣椒粉→去除辣椒碱→索氏提取→烘干→计算提取率

↓

色价测定←薄层色谱分析分离←辣椒红色素

2. 操作要点

（1）除去辣椒碱　将干的红辣椒剪碎去籽并捣碎，称取 20 g，加入 180 mL（按 1∶9 的比例）5% NaOH 溶液于 250 mL 烧杯中，在 90 ℃ 水浴上加热 1.5 h 后，将杯内液体倾倒于双层纱布上滤去碱液，用水洗涤至中性，挤干，放入 100 mL 烧瓶中，用 50 mL 95%乙醇浸提备用。

（2）索氏提取、烘干　置于索氏提取器的滤纸筒中装入辣椒，筒上口放一小团脱脂棉；250 mL 洁净的圆底烧瓶中加入 120 mL 95%乙醇和几粒沸石，加热进行抽提 5 次以上（提取液颜色很淡时即可停止抽提）后，将提取装置改成常压蒸馏装置，蒸出大部分乙醇（剩余 5～6 mL 乙醇）。将残液及少量馏出液洗烧瓶的洗涤液倾入已准确称出重量的试剂瓶中，在 100 ℃ 烘干后称重，计算提取率。

（3）薄层色谱分析分离　取少量干燥的辣椒色素于点滴板上，用适量石油醚溶解。用平口毛细管吸取辣椒色素溶液点样在两个点样原点上，点样 2～5 次，点样后的斑点直径小于 3 mm，用石油醚（沸点 30～60 ℃）与丙酮 10∶1（体积比）的混合液做展开剂展开。

展开后取出薄层板，立即划出前沿位置，电吹风吹干除去展开剂，轻画出各斑点的位置，观察斑点颜色并计算 R_f 值，并根据薄层色谱展开图以及它们的结构确定这三个斑点的归属。

$$R_f = \frac{溶质最高浓度中心至原点中心的距离}{溶剂前沿至原点中心的距离}$$

五、产品含量计算

准确称取 0.0020 g（精确到 0.0001 g）辣椒色素，用乙醇溶解并定容成 25 mL，以乙醇作为参比，测定 460 nm 处的吸光度，计算 $E_{1\,cm}^{1\%}$ 来确定辣椒红色素的色价，换算 ε_{460}，计算辣椒红色素的含量。

$$E_{1\,cm}^{1\%} = A \times f / 100\,m$$

式中　$E_{1\,cm}^{1\%}$——被测试样的浓度为 1%，厚度为 1 cm，在最大吸收峰 460 nm 处的吸光度，即为色价；

A——实测试样的吸光度；

f——稀释倍数；

m——试样质量。

六、注意事项

（1）回流速度不可过快，以防浸泡提取不充分。

（2）尽量将溶剂蒸干。

（3）回收溶剂的温度不宜过高，以防止溶剂爆沸。

七、问题与讨论

（1）干红辣椒用 NaOH 溶液浸泡后，为什么不采用过滤或抽滤的方法进行固液分离？

（2）干红辣椒的除辣操作时，水浴温度不能超过 90 ℃，水浴时间不宜过长，其原因是什么？

（3）薄层板上点样量过多或过少，对薄层色谱分离效果有什么影响？

实验五　柑橘中香精油的提取

一、实验目的

（1）了解水蒸气蒸馏与压榨法的优缺点。
（2）熟悉相关蒸馏设备的操作方法。
（3）掌握香精油提取原理及工艺过程。

二、实验原理

水分子容易向果皮细胞组织中渗透，水置换出香精油，使精油向水中扩散，在水蒸气作用下形成油水共沸物同时蒸出。水蒸气在这又起到"搅拌"作用。水蒸气蒸馏法生产香精油分为三种方法：水中蒸馏、水上蒸馏、水汽蒸馏。经过探索试验后，选择水中蒸馏法提取香精油。这种方法的优点是：设备简单、成本低、产量大。

三、实验材料与设备

1. 实验材料

柑橘，氯化铵。

2. 实验设备及用具

水蒸气蒸馏装置一套，分液漏斗，高速离心机。

四、实验内容

1. 工艺流程

柑橘果皮→破碎→加盐→水蒸气蒸馏→收集→分液漏斗萃取→香精油

2. 操作要点

（1）破碎　称取 400 g 新鲜柑橘皮，水洗后切成或用捣碎机捣碎至一定粒度（2.5～25 mm）。

（2）加盐　装入三颈烧瓶中，按水固比 2∶1 加入蒸馏水，加入 16 g 左右的 NH_4Cl 作为添加剂。

（3）水蒸气蒸馏　在常压下采用水中蒸馏法蒸馏，蒸馏出油水混合物，静置后分离出油层，得到橘皮油。

五、产品质量评价

水蒸气蒸馏的柑橘油为无色液体，出油率为 1.2%～2.1%，有较佳的气味，其香气更接近于天然鲜橘果香，色泽为淡黄色液体。

六、注意事项

（1）尽量提高柑橘皮破碎度。
（2）注意萃取操作对出油率的影响。
（3）注意香精油挂壁的损失问题。

七、问题与讨论

（1）柑橘皮破碎度对出油率有什么影响？
（2）压榨法和水蒸气蒸馏法各有何优缺点？

实验六　萝卜硫素的提取

一、实验目的

（1）了解超声波辅助萃取法和单一溶剂萃取法的差异。

（2）掌握萝卜硫素的提取及分离工艺。

二、实验原理

许多学者认为，多吃十字花科蔬菜，如西兰花、花椰菜、甘蓝、萝卜等能减少癌症的发病率。十字花科植物具有抗癌作用是因为含有硫代葡萄糖苷（简称硫苷）。当植物被磨碎或咀嚼时，硫苷就会被硫代葡萄糖苷酶水解，经过内源性或外源性的黑芥子硫苷酶或者酸水解后产生一类异硫代氰酸盐衍生物，其中，化学结构式为异硫氰酸-4-甲磺酰基丁烷的化学物就是萝卜硫素。萝卜硫素（又名莱菔硫烷），其分子式 $C_6H_{11}S_2NO$，分子量为 177.29。实验利用植物中内源酶，在最佳的酶解条件下酶解，然后，采用溶剂萃取法结合超声波辅助提取，获得萝卜硫素粗提物。

三、实验材料及实验设备

1. 实验材料

西兰花、甘蓝、萝卜等十字花科蔬菜或种子，二氯甲烷，抗坏血酸，溴甲酚绿，甲基红，六氢吡啶，盐酸，磷酸二氢钠和磷酸氢二钠等。

2. 实验仪器及用具

电热鼓风干燥箱，植物组织搅碎机，旋转蒸发仪，pH 计，数显恒温水浴锅等。

四、实验内容

1. 工艺流程

原料→打浆→调 pH 值→酶解→干燥→萃取→抽滤→旋转蒸发→粗提物→定性分析→定量测定

2. 操作要点

（1）打浆　加入少量清水，将原料打成匀浆。

（2）调 pH 值、酶解　用磷酸缓冲液将原料浆的 pH 调为 5.5，并在 30 ℃酶解 8 h。

（3）干燥　将酶解产物置于 45 ℃的中干燥至基本无水分，呈粉末状为准。

（4）萃取　按液固比例为 30∶1，在干燥后的原料中加入萃取剂二氯甲烷、超声萃取为 30 min，在 25 ℃ 下提取 3 h，将萃取后的混合液抽滤两次，回收滤液，备用。

（5）旋转蒸发　在 40 ℃ 旋转浓缩至基本无萃取剂为止，再用少量溶剂将产物洗涤出来，获得萝卜硫素粗提物。

（6）定性分析　在萝卜硫素粗提物中，加入过量硝酸银溶液，若产生棕黑色沉淀，则表明含有萝卜硫素。

（7）定量测定　采用滴定法对萝卜硫素粗提物进行测定。具体流程为：向 10 mL 粗提物中准确加入 5.00 mL，0.05 mol/L 六氢吡啶标准溶液，加塞放置 45 min 后，加 3～5 滴溴甲酚绿-甲基红为指示剂，然后用标定后的 0.01 mol/L 盐酸标准溶液继续滴定，当溶液由绿色变为酒红色时为终点，记录消耗盐酸的体积。提取率的计算公式为：

$$萝卜硫素提取率（\%）=（C_1V_1-C_2V_2）\times 177.3）/10m$$

式中　C_1——六氢吡啶溶液的浓度，mol/L；

　　　V_1——消耗六氢吡啶的体积，mL；

　　　C_2——盐酸的浓度，mol/L；

　　　V_2——消耗盐酸的体积，mL；

　　　m——原料的质量，g。

　　　177.3——萝卜硫素的相对分子质量。

五、产品质量评价

成品应色泽为微黄色液体，不溶于水，易溶于甲醇和乙醇等有机溶剂，稳定性差，在高温和碱性条件下易分解。

六、注意事项

（1）原料不宜高温干燥，尽可能研碎。

（2）种子萃取时需先进性脱脂处理。

（3）萝卜硫素不稳定，应在 2～8 ℃，避光保存。

七、问题与讨论

（1）影响萝卜硫素提取的因素主要有哪些？

（2）影响萝卜硫素稳定性的因素有哪些，如何提高萝卜硫素的稳定性？

实验七　牛肝菌多糖的提取

一、实验目的

（1）熟悉牛肝菌多糖提取的原理。

（2）掌握牛肝菌提取的方法。掌握旋转蒸发仪的操作。

二、实验原理

牛肝菌中的多糖主要以 β-1，3 葡聚糖的形式存在，是牛肝菌的主要活性物质。牛肝菌多糖可溶于水，常采用热水浸提法对其进行提取，进而通过过滤、浓缩、醇沉、离心、冷冻干燥等工艺，得到牛肝菌粗多糖。

三、实验材料及实验设备

1. 实验材料

牛肝菌，95%酒精，苯酚，浓硫酸。

2. 实验设备及用具

旋转蒸发仪，电子天平，离心机，超声波清洗机，植物粉碎机，鼓风干燥箱。

四、实验内容

1. 工艺流程

牛肝菌→干燥→粉碎→过筛→超声波提取→抽滤→浓缩→醇沉→离心→干燥→牛肝菌粗多糖→多糖得率的测定

2. 操作要点

（1）粉碎、过筛　在 70 ℃ 干燥后的牛肝菌采用植物粉碎机粉碎，40 目过筛待用。

（2）超声波浸提　称取已过 40 目筛的牛肝菌粉末 20 g，按照料液比为 1∶30（m/V）加入去离子水，在 60 ℃、超声功率为 300 W 的条件下超声提取 50 min。

（3）浓缩　超声波提取液抽滤后，旋转蒸发仪 60 ℃ 浓缩至原体积的 1/3。

（4）醇沉　浓缩后的滤液加入 4 倍体积的 95%乙醇，室温静置 12 h。

（5）离心与冻干　乙醇沉淀后 3 000 r/min 离心 10 min，弃上清液，沉淀物待酒精挥干后置于干燥箱中 80 ℃ 干燥 4 h，得牛肝菌粗多糖。

（6）多糖含量的测定

①标准曲线的制作　准确称取葡萄糖 20 mg 定容于 500 mL 容量瓶中，分别取 0.4 mL、0.6 mL、0.8 mL、1.0 mL、1.2 mL、1.4 mL 及 1.6 mL，补水至 2 mL，加入 5%的苯酚 1 mL，混匀后加入浓硫酸 5 mL，混匀，放置 20 min，490 nm 测吸光度。根据葡萄糖浓度和吸光度绘制标准曲线。

②牛肝菌多糖含量的测定　准确称取干燥后的牛肝菌多糖 20 mg 于 500 mL 容量瓶中定容。取定溶液 2 mL 按标准曲线操作步骤加入苯酚及浓硫酸，490 nm 测吸光度，计算多糖含量。

五、产品提取率计算

多糖提取率的计算公式如下：

$$牛肝菌多糖提取率 = \frac{多糖含量}{牛肝菌质量} \times 100\%$$

六、注意事项

（1）苯酚有毒，硫酸有腐蚀性，需戴手套操作。

（2）该法可以测定几乎所有的糖类，但不同的糖其吸光度有所不同：五碳糖多以木糖为标准绘制标准曲线，木糖最大吸收波长为 480 nm；六碳糖多以葡萄糖为标准绘制标准曲线，其最大吸收波长为 490 nm。

七、问题与讨论

（1）超声波清洗机的作用是什么？
（2）醇沉的原理是什么？

实验八 胭脂萝卜色素提取

一、实验目的

（1）熟悉胭脂萝卜红色素的提取及分离工艺。

（2）掌握胭脂萝卜红色素提取的原理。

二、实验原理

以胭脂萝卜肉质根为原料提取的天然红色素，色泽鲜艳、口感良好。与合成色素相比，具有食用安全、无毒、无任何副作用等特点。是国家添加剂标准委员会允许使用的天然色素之一。胭脂萝卜红色素主要为天竺葵素的葡萄糖苷衍生物，为天竺葵素-3-槐二糖苷，5-葡萄糖苷的双酰基结构，属花色素苷类。天竺葵素为 3，5，7，4-四羟基花青素，是 2-苯基苯并吡喃阳离子的衍生物，以 C_6-C_3-C_6 为基本骨架。

浸提法（萃取法）是最常用的一种方法，将采集的天然原料经过分选、水洗、干燥、粉碎、溶剂（如用水、乙醇、丙酮或其他溶剂）、浸提或萃取、分离、浓缩、精制等步骤制得。如甜菜红色素、玫瑰红色素、姜黄色素天然色素均可用此法制得。实验以胭脂萝卜为原料，采用浸提法结合超声波辅助提取胭脂萝卜红色素。运用超声波在传递过程中存在的正负压强交变周期，使溶剂和样品之间产生声波空化作用，使胭脂萝卜红色素快速析出。

三、实验材料及实验设备

1. 实验材料

胭脂萝卜，乙醇，盐酸等。

2. 实验设备及用具

超声波清洗仪，电热鼓风干燥箱，紫外分光光度计，真空旋转蒸发仪，组织捣碎匀浆机，数显恒温水浴锅等。

四、实验内容

1. 工艺流程

原料清洗→切片→干燥→粉碎→加浸提剂→超声波浸提→离心→过滤→测定吸光度→浓缩→干燥→成品
$\qquad\qquad\qquad\qquad\qquad\qquad\qquad\qquad$ ↑
$\qquad\qquad\qquad\qquad\qquad\qquad\qquad\qquad$ 调节 pH

2. 操作要点

（1）原料清洗　洗掉萝卜表面的泥土及污物洗净，沥水，备用。

（2）切片、干燥　将洗净的胭脂萝卜切成 2 mm 左右的薄片后放入干燥箱中 60 ℃烘干。

（3）粉碎　将烘干的胭脂萝卜放入组织捣碎机中捣碎，过 60 目筛。

（4）加浸提剂、调节 pH　称取 1.0 g 胭脂萝卜粉置于 50 mL 50%乙醇溶剂中，调节 pH 至 4.6。

（5）超声波浸提　在 70 ℃下超声 50 min。

（6）离心　将样品放入离心机中，在 3000 r/min 离心 10 min。

（7）过滤　将离心后的样品过滤得到红色液体。

（8）测定吸光度　将处理后的滤液，在 530 nm 波长下测定吸光度。

（8）浓缩、干燥　将滤液放入旋转蒸发仪中浓缩，浓缩后的样品在 60 ℃的干燥箱烘干至恒重。

五、产品提取率计算

在最佳提取条件下，分别多次提取一定量的胭脂萝卜，直到提取液的吸光度值为零。收集各次提取液，并测定其体积（V）和吸光度（A），然后合并各次提取液，测出其总体积（$V_总$）和总吸光度（$A_总$）。每次提取率的计算公式如下：

$$提取率 = \frac{V \times A}{(V_总 \times A_总)} \times 100\%$$

六、注意事项

超声温度不宜过高，超声时间不宜过长。

七、问题与讨论

影响胭脂萝卜色素稳定性的因素有哪些？

实验九　总硫苷的提取

一、实验目的

（1）了解硫苷及其代谢产物的生物活性。

（2）掌握硫苷的提取及分离工艺。

二、实验原理

硫苷是十字花科类植物中一种特殊的代谢产物。硫苷是一种含有一个氨基酸衍生侧链和一个磺酸盐醛肟基团的有机阴离子。硫苷的种类繁多，到目前为止已经发现 120 多种。硫苷在环境中相对稳定，可是植物受到外界的干扰时，其在黑芥子酶的作用下，能降解成多种产物。因其具有许多生物活性或者化学活性，受到人们的广泛关注。

目前，常采用甲醇沸腾法提取硫苷，该方法能有效防止硫苷在含水量高的环境中发生降解，并且能够除去一些亲水性的蛋白质、多糖等杂质，但是提取率不高。因为萝卜硫苷易溶于水，所以可以考虑用甲醇、水混合溶剂提取。

三、实验材料及实验设备

1. 实验材料

青菜头、萝卜、西兰花等十字花科蔬菜或其种子，AB-8 大孔树脂，甲醇，乙醇，醋酸钡，醋酸铅，醋酸锌，氯化钡，浓盐酸等。

2. 实验仪器及用具

电热鼓风干燥箱，超声破碎仪，电子分析天平，植物粉碎机，马弗炉等。

四、实验内容

1. 工艺流程

原料预处理→清洗→切丝→提取红色素→干燥→粉碎→称重→提取→抽滤→除提取剂→脱色→收集滤液→沉淀蛋白质→静置离心→滤液→含量测定

2. 操作要点

（1）原料的预处理

①原料为种子，按以下方法进行预处理：称取原料 100 g，于烘箱中 100 ℃ 灭酶 1 h。然后研磨粉碎，并在索氏提取器中用正己烷脱脂，室温晾干、备用。

② 原料为蔬菜，按以下方法进行预处理：原料在 60 ℃ 中干燥约 18 h。粉碎，过 60 目细筛，制成干燥的原料粉。

（2）提取　提取溶剂为 70% 甲醇，料液比（m/V）为 1∶15，提取温度为 80 ℃，提取时间为 15 min 的情况下提取硫苷。

（3）除提取剂　对抽滤得到的滤液进行旋转浓缩蒸发以除去甲醇。

（4）脱色　在滤液中加入适量 AB-8 大孔树脂（干燥原料粉末 10 倍的量），振摇脱色。

（5）沉淀蛋白质、静置离心　在滤液中加入 1.25 mL 0.5 mol/L 的醋酸铅溶液和醋酸锌溶液沉淀蛋白质，静置，然后在 3000 r/min 离心 15 min，去掉沉淀，取上清液。

五、产品含量的测定

1. 采用重量法测定胭脂萝卜硫苷的含量

（1）游离态硫酸根离子含量的测定　将待测样品转移入 500 mL 锥形瓶中，迅速加入 90 ~ 100 ℃ 热水 100 mL，再于沸水浴中放置 30 min，迅速置于冰水中冷却。常温下过滤并收集滤液，每次用 50 mL 常温蒸馏水将漏斗上部的残液洗涤 3 次，洗涤液与先前的滤液合并。加入 10 mL 6 mol/L 盐酸，边搅拌边缓慢加入 30 mL 5% 氯化钡溶液，放置过夜。用定量滤纸过滤，并以常温蒸馏水洗涤至无氯离子存在。将滤纸连同沉淀物置于预先恒重的坩埚中，于 850 ℃ 下灰化至恒重，按下式（1）计算：

$$游离态硫酸根离子 \ A(\mathrm{\mu mol/g}) = \frac{硫酸钡质量}{硫酸钡摩尔质量} \times 样品质量 \times 106 \qquad (1)$$

（2）硫酸根离子总量的测定　用 250 mL 蒸馏水将待测样品转移入 500 mL 锥形瓶中混匀，置于 54 ℃ 水浴中水解 1 h，煮沸提取 2 h，趁热抽滤收集滤液，用热水洗涤 3 次，每次 50 mL。合并洗涤液和滤液。加入 10 mL 6mol/L 盐酸，置于 90 ℃ 水浴中。边搅拌边缓慢加入 30 mL 5% 氯化钡溶液。继续加热 2 h，冷却放置过夜。硫酸根离子总量 B（μmol/g）测定和计算同（1）。

（3）样品中硫代葡萄糖苷的含量计算公式如下：

$$样品中硫代葡萄糖苷总量 \ M(\mathrm{\mu mol/g}) = B - A \qquad (2)$$

六、注意事项

硫苷破碎后容易发生降解，因此要先干燥或灭酶处理，再粉碎。

七、问题与讨论

硫苷及其降解产物有哪些生物活性？

第二章

综合实验

实验一　膳食纤维面包的制作

一、实验目的

（1）了解膳食纤维面包的工艺过程。

（2）熟悉面包制作仪器设备的使用方法。

（3）掌握膳食纤维面包的基本制作方法和关键操作步骤。

二、实验原理

面包是以小麦粉为主要原料，加以酵母、水、白砂糖、食盐、鸡蛋、食品添加剂等辅料，经过面团的调制、发酵、醒发、整形、烘烤等工序加工而成。豆渣富含膳食纤维，给面包增加营养，也有效利用了豆类副产物。

三、实验材料及设备

1. 实验材料

豆渣，面粉，干酵母，黄油，奶粉，白砂糖，食盐，熟猪油等。

2. 实验设备及用具

电子天平，搅拌机，醒发箱，烤箱等。

四、实验内容

1. 参考工艺

豆渣→去腥→脱色→干燥→粉碎→过筛→豆渣粉→调制→发酵（中间翻面一次）→整形（切块→称量→中间醒发→压片→成型）→装盘→醒发→烘烤→冷却→包装→成品

2. 参考配方

面粉 200 g，豆渣 32 g，干酵母 2 g，黄油 18 g，黄油 0～18 g，水 30～50 g，白砂糖 44 g，食盐 3 g。

3. 操作要点

（1）豆渣前处理　将豆渣加热到 85 ℃ 以上，保持 10 min，使酶完全失去活性，起到去腥气的作用。然后冷却至 38 ℃，再加入 2% H_2O_2 搅匀脱色，60 ℃ 以下干燥 1 h。经上述处理后的豆渣放入鼓风干燥箱中，在 105 ℃ 下烘干。烘干后用粉碎机粉碎过 100 目筛得到浅黄色豆渣纤维粉（此步骤根据实际情况取舍）。

（2）调制　将豆渣、白砂糖、食盐溶液加到面盆中，手工揉匀后，加入过筛 3 次以上的面粉和干酵母，搅拌均匀，再加入油脂充分拌匀，根据情况加适量水，搅拌均匀即可。

（3）发酵　搅拌好的面团放入容器内发酵，发酵室的工艺参数：温度 28～30 ℃，相对湿度 70%～75%，时间 2 h。注意发酵时中间应有一次翻面的过程，即发酵体积达原体积 1.5倍或在整个发酵时间的 60%～70%时翻面。

（4）整形　整形包括切块、称量、中间醒发、压面、成型的过程，在尽可能短的时间内完成。发酵完成后将面团按扁排气，分割成大小相等的 5 等份。依次搓成圆形，盖上保鲜膜让面团进行中间发酵 15 min。

（5）醒发　成型后的面包坯放到已刷上油的烤盘上，送入醒发箱内醒发，醒发温度为38～40 ℃，相对湿度为 80%～90%，时间 45～60 min。面团再次发酵至 2 倍大。也可以将面团放入烤箱，同时在烤箱中放一杯开水，这样可以加快面团的发酵速度。

（6）烘烤　若面包坯重量为 100～150 g，烤箱温度可定为入炉上火 180 ℃，下火 190 ℃，后同时升至 210～220 ℃，时间为 10 min 左右，至面包金黄色即可。

（7）冷却、包装　出炉后面包自然冷却一段时间，温度达到 32 ℃左右可包装。

五、实验结果与分析

1. 感官评价

（1）色泽　表皮色泽为金黄色，不焦，不浅，不发白，颜色均匀一致。
（2）形态　外形饱满、完整，表面光滑、无破损，空洞大小适宜。
（3）香味　具有烤制品的香味，无其他不良气味及其他异香。
（4）触感　手感柔软，有适度弹性。

2. 理化检验

采用小米填充法测定面包的体积，膳食纤维测定仪检验膳食纤维添加量。

六、问题与讨论

（1）面包中间醒发的目的是什么？
（2）面包坯在烘烤中色、香、味、形是如何形成的？
（3）影响面团持气能力的因素有哪些？如何影响的？

实验二　蔬菜软包装罐头的制作

一、实验目的

掌握蔬菜软包装罐头加工的一般工艺流程及工艺参数。

二、实验原理

罐藏是把食品原料经过前处理后，装入能密封的容器内，通过排气、密封和杀菌，杀灭罐内有害微生物并防止二次污染，使产品得以长期保藏的一种加工技术。本实验以蔬菜为原料，经过清洗、漂烫、调味、包装等工艺，制成蔬菜软包装罐头。

三、实验材料及设备

1. 实验材料

金针菇，辣椒油，花椒油，食盐，白砂糖，味精，陈醋、鸡精、柠檬酸（食品添加剂），软包装袋，保鲜膜等。

2. 实验设备及用具

真空包装机，不锈钢锅，电磁炉，台秤，刀，剪刀，砧板，笊篱，温度计等。

四、实验内容

1. 工艺流程

新鲜蔬菜→挑选→清洗→预煮→沥干→拌料→包装→杀菌→冷却→成品

2. 参考配方

金针菇 200 g，食盐 3~4 g，花椒油 6 g，辣椒油 6~10 g，白砂糖 3~6 g，味精 3 g。

3. 操作要点

（1）原料的选择　选用无霉烂、无虫斑、无菌脚、无伤烂的新鲜完整的金针菇。

（2）原料的预处理　将金针菇修去多余的菇脚（黑色），剔除不合格的金针菇，用流动清水漂洗干净。

（3）预煮　金针菇整理后必须及时进行预煮，以抑制酶的活性，并使组织软化。具体做法是，将金针菇倒入 0.3% 的柠檬酸沸水中预煮 2~5 min，以菇体中心煮透为准。柠檬酸的作用是进行护色。预煮后捞出，冷开水冷却，滤干备用。

（4）拌料　将脱水好的金针菇和配好的调味料放到不锈钢盆中，搅拌均匀。

（5）包装　根据软包装袋容积，酌情确定净重，比如每袋 40～50 g。要求计量准确。封口时，保持热封口袋口干净、不受污染，保证真空封口效果良好。

（6）杀菌、冷却　包装好后的金针菇在 100 ℃ 加热 20 min。擦干表面水分，冷却即得成品。

五、实验结果与分析

1. 颜　色

金针菇菌盖呈玉白色或乳白色，菌柄呈淡金黄色或淡棕褐色。

2. 滋味及气味

具有甜辣味及金针菇固有的滋味、气味，无异味。

3. 组织状态

组织较脆嫩，菇形较完整。

4. 杂　质

不允许存在。

六、问题与讨论

（1）根据实际情况确定真空包装机的封口参数。

（2）其他蔬菜软罐头，如绿色蔬菜，预处理操作中如何护色？

实验三　真空脱水法制作胡萝干

一、实验目的

（1）熟悉蔬菜干制的一般工艺流程。
（2）掌握蔬菜干制基本原理和蔬菜真空干制技术。

二、实验原理

真空脱水是利用较低温度，在减压下进行干燥以排除水分。蔬菜真空脱水，让蔬菜的部分水分在真空中蒸发，通过干制可以减少蔬菜中的水分，降低水分活度而将可溶性物质的浓度增高，从而抑制微生物的生长。同时，蔬菜本身所含酶的活性也受到抑制，从而达到长期保存的目的。

三、实验材料及设备

1. 实验材料

胡萝卜，亚硫酸氢钠等。

2. 实验设备及用具

不锈钢刀，案板，真空干燥箱等。

四、实验内容

1. 工艺流程

原料清洗→去皮→切分→烫漂→护色→干燥→回软→压块→包装→成品

2. 操作要点

（1）原料清洗　按食品加工用胡萝卜原料的质量要求进行收购，并注意剔除杂色、畸形、瘦小、病虫害严重的残次品。用作原料的胡萝卜用刀先削去顶端叶簇，再用水洗净泥沙及杂质。

（2）去皮　可采用碱液去皮法。经碱液处理后的原料立即用流动清水冲洗 2 ~ 3 次，然后用刀将残皮修整干净。用碱液去皮时，氢氧化钠溶液的浓度为 8% ~ 12%，温度 90 ℃。浸碱或淋碱的时间为 1 ~ 3 min。

（3）切分　用刀或蔬菜切块机切成小方丁（或者用刀或蔬菜切片机切成 3 ~ 6 mm 厚的圆片）。

（4）烫漂　用沸水或蒸汽烫漂 2 ~ 3 min，以烫透为准，但不可烫得软烂。

（5）护色　用特殊浓度溶液浸泡 5 min，以防止变色，然后用清水冲洗 1 次。沥干。

（6）干燥　使用真空干燥箱，在 65 ~ 75 ℃ 温度下烘烤 6 h 左右，即成脱水胡萝卜粒或者胡萝卜圆片。干制品含水量为 5% ~ 8%。

（7）回软、压块　在包装前一般应进行回软，即把已干燥的产品堆积在一起，经 1 ~ 3 d，含水量即可均匀一致。产品干燥后可趁热压块成型。压块后体积缩小至原体积的 1/3 左右。

（8）包装　经压块成型的胡萝卜粒或者圆片，水分含量不超过 8%，即可包装。小包装多采用不透光的复合薄膜真空密封包装。

五、实验结果与分析

1. 感官指标

颜色鲜艳，口感好，无纤维感，复水性好。

2. 理化指标

干制品含水量为 5% ~ 8%。

六、问题与讨论

（1）胡萝卜预处理操作中如何护色？

（2）如何根据胡萝卜块大小或者圆片厚度确定真空干燥参数？

实验四　果味酸奶的制作

一、实验目的

（1）熟悉酸奶加工的基本原理及果味酸奶的配方设计原则。

（2）掌握果味酸奶的工艺流程和操作要点。

二、实验原理

利用乳酸菌在适当的条件下发酵产生乳酸，使乳的 pH 降低，导致乳凝固并形成酸味。

三、实验材料及实验设备

1. 实验材料

原料乳，时令水果，白砂糖，酸奶发酵剂，稳定剂和增稠剂（果胶、黄原胶、海藻酸钠、改性淀粉或复合增稠剂等），柠檬酸，食用香精（橘子香精、苹果香精等）等。

2. 实验设备及用具

高压均质机，高压灭菌锅，榨汁机，电磁炉，酸性 pH 试纸，超净工作台，恒温培养箱等。

四、实验内容

1. 工艺流程

水果→挑选→清洗→榨汁→过滤→果汁

↓

原料乳验收与预处理→调配→加糖、食用香精、增稠剂和稳定剂→预热→均质→杀菌→冷却→接种→装瓶→发酵→冷却→后发酵→成品

↑

发酵剂

2. 操作要点

（1）调配、加糖、食用香精、增稠剂和稳定剂　按比例加入一定量的果汁（参考量为 5% ~ 20%），原料中加入 5% ~ 7%的白砂糖。食用香精、增稠剂和稳定剂的使用应符合 GB 2760—2014 和 GB 14880—2012 的规定。

（2）均质　均质前将原料乳预热至 53 ~ 55 ℃，20 ~ 25 MPa 下均质处理，均质时间为 5 min。

（3）杀菌　均质料乳杀菌温度为 90 ℃，时间 15 min。

（4）冷却　杀菌后迅速冷却至 42 ℃左右。

（5）接种　发酵剂的添加量为 5%～8%。

（6）发酵　接种后装瓶，置于 42 ℃恒温箱中培养至凝固，3～4 h。

（7）后发酵　发酵完全后，置于 0～5 ℃冷库或冰箱中冷藏 4 h 以上，进一步产香且有利于乳清吸收。

五、实验结果与分析

1. 感官指标

参考 GB 19302—2010，从色泽、滋味、气味、组织状态等方面制作感官评定表进行评价。

2. 理化指标

（1）脂肪、非脂乳固体、蛋白质、酸度等方面　参考 GB 19302—2010 执行。

（2）真菌毒素限量指标　参考 GB 2761—2017 执行。

（3）污染物限量指标　参考 GB 2762—2017 执行。

3. 微生物指标

乳酸菌数、酵母菌、霉菌、大肠菌群、沙门氏菌、金黄色葡萄球菌等指标，参考 GB 19302—2010 执行。

六、问题与讨论

影响果味酸奶分层的原因有哪些？应采取何种措施避免？

GB 14880—2012

实验五　蒜味香肠的制作

一、实验目的

（1）了解灌肠类肉制品的品质评定及质量检测标准。
（2）熟悉灌肠类肉制品品质评定的方法。
（3）掌握蒜味香肠的加工工艺和配方。

二、实验原理

蒜味香肠是以畜禽肉制品为主要原料，并辅以大蒜等辅料，经过腌制（或未经腌制）、绞碎或斩拌成肉糜，然后填充入天然或人造肠衣中成型，再经过熏烤、蒸煮等工序制成的一种肉制品。

三、实验材料及设备

1. 实验材料

猪肉，鸡大胸，肥膘，大蒜，肠衣，食盐，白砂糖，玉米淀粉，白胡椒粉，滚揉型卡拉胶，乳酸钠，滚揉型蛋白，味精，五香粉，乙基麦芽酚，葡萄糖，头香香精，冰水。

2. 实验仪器及用具

绞肉机，滚揉机，灌肠机，真空包装机，高温杀菌锅，菜刀，砧板，电子秤等

四、实验内容

1. 参考工艺

原料肉的检验→原料肉选修→绞肉→静腌→滚揉→灌装→热加工→包装→杀菌→入库→成品

2. 参考配方

猪肉 65 kg，鸡大胸 15 kg，肥膘 20 kg，生蒜 1 kg，食盐 1 kg，白砂糖 2.2 kg，玉米淀粉 15 kg，白胡椒粉 0.3 kg，滚揉型卡拉胶 0.6 kg，乳酸钠 3.2 kg，滚揉型蛋白 2 kg，味精 0.2 kg，五香粉 0.05 kg，乙基麦芽酚 0.04 kg，葡萄糖 1.7 kg，头香香精 0.15 kg，冰水 50 kg，肠衣适量。

3. 操作要点

（1）食品原材料的检验

肉的新鲜度的测定：采用感官检验法，具体流程如下：在自然光线下，观察肉的表面及脂肪的色泽、有无污染附着物，用刀顺肌纤维方向切开，观察断面的颜色；在常温下嗅其气味；用食指按压肉表面，触感其指压凹陷恢复情况、表面干湿及是否发黏；称取切碎肉样 20 g，放入烧杯中，加水 100 mL，盖上表面皿置于电炉上加热至 50～60 ℃时，取下表面皿，嗅其气味。然后将肉样煮沸，静置观察肉汤的透明度及表面的脂肪滴情况。评定标准如表 2-1 所示。

表 2-1 猪肉的感官检验

感官项目	新鲜肉	次鲜肉（可疑肉）	腐败肉（变质肉）
色泽	切面有光泽，红色均匀	切面色暗，无光泽，呈较浅绿色。	切面发暗，无任何光泽，呈暗灰色。
黏度	外表微干，或有风干膜，不粘手	表面湿润发黏或覆有干燥的暗灰色的外膜，新切面湿润	表面干燥有霉菌、粘手，新切面发黏
弹性	切断面肉质紧密，富有弹性，指压后的凹陷立即回复	切面肉质松软，指压后的凹陷恢复慢，且不能完全恢复	组织完全松软，无弹性，指压后凹陷不能恢复，留有明显的痕迹
气味	具有每种畜禽特有的自然香味。	稍有酸霉味但深层尚无腐败味	肉的深层能嗅到明显的腐败臭味
脂肪状况	无油腻感，猪肉脂肪为白色或玫瑰色，柔软有弹性	呈灰色，无光泽，用手按压时易粘手，有时有发霉现象	表面污脏，并有黏液，有强烈的脂肪酸败味，常发霉，呈浅绿色
肉汤	透明，澄清，具有特殊芳香味，脂肪团聚于表面	稍有浑浊，脂肪呈小滴浮于表面，有发霉的腐败味	浑浊，有黄色或白色絮状物，脂肪极少且浮于表面，有臭味

（2）原料肉选修 剔除筋膜、腱、软骨、淋巴、淤血、脂肪、污物等，0～6 ℃ 保存备用。

（3）绞肉 将选修好的鲜猪肉和鸡大胸放入绞肉机中绞制。

（4）静腌 将绞好的鲜猪肉和鸡大胸与腌料混合均匀，0～4 ℃ 静腌 12 h。

（5）滚揉 将滚揉机清洗干净，无积水残留。将静腌好的鲜猪肉、鸡大胸以及肥膘和滚揉用料装入滚揉机，盖好滚揉盖，检查是否严密，抽真空，查看机身控制柜内真空显示器是否达到 90 kPa 以上。滚揉方式为：工作 40 min，暂停 20 min，滚揉总时间 8 h。

（6）灌装 将滚揉机中的肉馅移出，用灌肠机灌肠，单根长度约为 25 cm。

（7）热加工 将灌装好的香肠挂杆整齐摆放到架子车上，摆放不宜太过紧密；放入烟熏炉进行干燥、烟熏、蒸煮、排气。工艺为：65 ℃ 干燥 20 min；65 ℃ 烟熏 10 min；80 ℃ 蒸煮 60 min；排气 5 min 后出炉，推入冷却间冷却。

（8）包装 将冷却好的香肠分根装入包装袋，抽真空包装。真空包装机的真空度设定 -0.1 MPa，热封温度为 170～220 ℃，封口时要将包装袋袋口污物擦净，放平整，减少皱褶。

（9）杀菌、入库 将包装好的香肠放入杀菌锅进行灭菌，90 ℃，30 min，剔除涨袋、漏气产品。冷却至中心温度 15 ℃ 以下入库储存。

五、实验结果与分析

1．感官评价

参考 GB/T 23493—2009，从色泽、香味、滋味、形态等方面制订感官评定表进行评价。

2．理化检验

（1）水分、蛋白质、脂肪、总糖、亚硝酸盐、过氧化值、氯化物等指标　参考 GB/T 23493—2009 执行。

（2）污染物指标　参考 GB 2762—2017 执行。

（3）食品添加剂的使用　参考 GB 2760—2014 执行。

六、问题与讨论

（1）在斩拌过程中为什么要先加瘦肉，再加肥肉？

（2）影响灌肠质量的因素有哪些，如何控制灌肠的质量？

GB/T 23493—2009

实验六　油醪糟的制作

一、实验目的

（1）了解油醪糟行业状况与生产工艺水平。

（2）掌握油醪糟的一般生产工艺。

二、实验原理

油醪糟是重庆涪陵特产，用糯米制成醪糟坯，下油锅，加芝麻、橘饼、核桃仁、油酥花生仁、蜜枣、白糖等稍煎，然后放入沸水中煮沸即成。特色是香甜不腻口，营养十分丰富。

三、实验材料及实验设备

1. 实验材料

糯米，酒药，猪板油，冰糖，花生，黑芝麻，红枣，核桃，红糖，枸杞等。

2. 实验设备及用具

台秤，恒温培养箱，煮锅，浸米桶（或塑料桶），筲箕，簸箕，蒸米装置（蒸汽发生灶、蒸格、纱布），发酵容器，案板，削皮刀，汤锅等。

四、实验内容

1. 参考工艺

制作醪糟→原材料预处理→猪油熬制→熬制油醪糟→冷却→包装→成品

2. 操作要点

（1）制作醪糟　将糯米制成醪糟（参考醪糟的制作实验）。

（2）原材料预处理　将芝麻洗净，吹干水分下锅炒香，用粉碎机打成细末备用。核桃仁剁细，在锅里炒香备用。枸杞洗净，红枣洗净去核，吹干水分备用。红糖切成细末备用。

（3）猪油熬制　鲜猪板油洗净撕去表面的皮筋切丁，以猪板油、水之比为2∶1的比例放入汤锅中，中小火加热，至油渣沉到锅底，得到琥珀色的猪油，捞出油渣备用。

（4）熬制油醪糟　向猪油中加入醪糟和冰糖熬制，将醪糟的水分蒸发掉一部分时依次加入红枣、芝麻、核桃、红糖，再熬制约10 min，最后加入枸杞，和匀，关火即成油醪糟。

（5）冷却、包装　待锅里的油醪糟完全冷却后，便可起锅装入能密封的干净容器里，放冰箱保存。

（6）正交试验　学生自主设计正交试验，以感官品质作为评价指标，得到最佳配方。

五、实验结果与分析

1. 感官评价

成品色泽乌黑，无焦、生现象；口感和谐，甜度适中，颗粒均匀细腻；气味香甜。

2. 微生物检验

参照国家标准 GB 4789.2—2016 检测油醪糟中的菌落总数。

六、问题与讨论

（1）油醪糟的稠度与哪些因素有关？

（2）根据实验结果分析，影响油醪糟感官品质的主要因素是什么？此次实验结果对生产实际有何指导意义？

GB 4789.2—2016

实验七　豆干的制作

一、实验目的

（1）了解豆干质量评价的方法。

（2）掌握豆干的制作工艺。

二、实验原理

豆干营养丰富，含有大量蛋白质、脂肪、碳水化合物，还含有钙、磷、铁等多种人体所需的矿物质。豆腐干中含有的蛋白质属完全蛋白，不仅含有人体必需的 8 种氨基酸，且其比例也接近人体营养需求，营养价值较高。豆干一般是先制作成豆腐，再烘烤或油炸而成。成型的豆干可以再加工、调味成各种口味，是一种常见的家常食品。

三、实验材料及实验设备

1. 实验材料

黄豆，凝固剂（石膏粉或葡萄糖内酯）。

2. 实验设备及用具

不锈钢锅，小钢磨，电磁炉，布袋，纱布，木框，切刀等。

四、实验内容

1. 参考工艺

原料检验→清洗→浸泡→研磨→过滤→加热→点浆→成型→压榨→切片→油炸→冷却→成品

2. 操作要点

（1）原料检验、清洗、浸泡　大豆宜选用外形整齐、饱满、色泽呈青色或黄色、无皱皮、无虫蚀、无发霉变质产品。将上好黄豆淘洗干净，拣去烂豆，浸入水槽之中，冷水浸 8～9 h，看气候冷热增减时间。浸过了头，时间超过要求，豆内蛋白质会变质损失。

（2）磨料　用小钢磨将浸泡的豆子磨成均匀糊状。

（3）煮豆浆　磨好的半流质糊糊，放入淘锅中加水煮沸，保持 5 min。

（4）挤豆浆汁　豆浆煮熟后盛在大布袋里，用力挤压，把浆汁挤出，含有豆腐渣的布袋可以于热水中漂烫一次，收集两次滤浆备用。

（5）点浆　点浆又叫加凝固剂。点浆是把大豆蛋白质溶胶状的豆浆凝聚成为凝胶状的豆腐花的过程。将适量石膏或内酯用少量水调开（一般石膏粉用量为豆浆量的 0.3%～0.5%，葡萄糖内酯用量为 0.1%～0.2%），放入容器内，用勺子将凝固剂缓慢匀速以打圈的方式加入到煮好的热豆浆中。

（6）成型、压榨、切片　豆浆初步凝结后，准备一个 60 cm×60 cm 的豆腐板，上放一个 5 cm 高的木框，摊上几层纱布，然后把已凝结的豆腐花舀入木框内，等半个小时左右，上面再盖一块板轻压。将压榨后的豆腐取出，切成厚薄均匀，整齐一致的豆腐块，一般 20 mm×12 mm×8 mm。

（7）油炸　油炸时先预热，预热的油锅保持在 110～120 ℃。豆腐坯经预热油锅加热 2～3 min 即可以投入高温油锅内油炸，油温保持在 200 ℃左右。经油炸 3 min 左右即成金黄色的豆腐坯，备后续调味烹饪使用。

五、实验结果与分析

1. 感官评价

豆腐干形状大小一致，颜色为金黄色，表面无黑、煳现象，有豆腐特殊香味，软硬适中。

2. 理化检验

参照国标方法 GB 5009.5—2016 检测豆干中蛋白质。
参照国标方法 GB 5009.92—2016 检测豆干中钙离子含量。

六、问题与讨论

（1）点豆浆时要注意哪些操作要领？
（2）豆腐油炸时注意事项有哪些？

GB 5009.5—2016

GB 5009.92—2016

实验八　重组牛肉脯的制作

一、实验目的

（1）理解重组肉的概念。

（2）掌握重组肉脯的制作工艺。

二、实验原理

重组肉是指借助于机械和添加辅料以提取肌肉纤维中基质蛋白和利用添加剂的黏合作用使肉颗粒或肉块重新组合，经冷冻后直接出售或者经预热处理保留和完善其组织结构的肉制品。

牛肉具有高蛋白质、低脂肪的特点，是全世界都认可的优质动物蛋白来源。而在牛肉产品加工过程中，必然伴随着肉类副产物的出现，如分割碎肉、肉渣等，若副产物直接丢弃，不仅造成环境污染，且使企业的成本提高，效益降低。

通过重组技术将牛肉制成我国传统风味肉脯，可以充分利用分割碎肉、剔骨碎肉、肉渣等，有利于牛肉副产物的加工利用，降低了牛肉加工成本，提高副产物的利用率。为配合现代人的营养需求和健康观念，在重组肉中可加入大豆蛋白、果蔬、骨糜等。

三、实验材料及设备

1. 实验材料

牛肉，食盐，白砂糖，卡拉胶，淀粉，酱油，大豆蛋白，复合磷酸盐，红曲红色素，鸡蛋，料酒等。

2. 实验设备及用具

电子天平，烤箱，真空包装机，冰箱，烘箱，绞肉机等。

四、实验内容

1. 参考工艺

原料肉检验→预处理→绞碎→配料→搅拌→腌制→成型→烘烤→冷却→包装→成品

2. 操作要点

（1）原料肉检验　采用符合国家安全标准的新鲜牛肉、分割碎肉、肉渣等。

（2）预处理　将选好的原材料剔除皮、骨、筋膜等，洗净备用。

（3）绞碎　在 0～10 ℃ 条件下将洗净备用的原料肉放入绞肉机中制成肉糜。

（4）配料　将调味料（白糖 5.0%、食盐 2.0%、酱油 2.0%、料酒 0.5%），辅料（大豆蛋白添加量 3.0%、卡拉胶添加量 0.2%、磷酸盐添加量 0.3%、蛋清添加量 2.0%、红曲红色素添加量 0.02%、淀粉添加量 3.0%）添加到绞碎后的肉糜中，搅拌均匀。

（5）腌制　将调好、搅拌均匀的原料肉置于 0～4 ℃ 条件下腌制 6 h。

（6）成型　将腌制好的原料肉制成肉脯约 0.2 cm 左右，使其表面平整光滑。

（7）烘烤　烤制温度为 140 ℃，烘干时间 4 h，然后，在烘干温度 55 ℃，再烤制 5 min 进行熟制。

（8）包装　采用真空包装机进行真空包装。

五、实验结果与分析

1. 感官评价

参考 GB/T 31406—2015，从形态色泽、滋味、气味杂质等方面制订感官评价表进行评价。

2. 理化检验

蛋白质、脂肪、水分、氯化物/总糖等指标，参考 GB/T 31406—2015 执行。

3. 卫生检验

参考 GB 2726—2016 执行。

六、问题与讨论

（1）蛋清对重组肉脯的作用是什么？
（2）卡拉胶对重组肉脯的品质有什么影响？

GB/T 31406—2015

GB 2726—2016

实验九 涪陵泡菜的制作

一、实验目的

（1）了解涪陵泡菜的性质及用途。
（2）理解涪陵泡菜制作的基本原理。
（3）掌握涪陵泡菜制作的工艺流程和操作要点。

二、实验原理

涪陵泡菜是采用鲜青菜头（科名"茎瘤芥"）加食盐后，在一定盐的作用下经泡制形成的泡菜。利用食盐渗透的作用，将其鲜青菜头质地组织内部水分逼出，形成具有鲜香、可口、脆嫩、咸淡适宜的泡菜。

三、实验材料及实验设备

1. 实验材料

鲜青菜头，鲜胭脂萝卜，食盐（无碘）、嫩生姜、鲜辣椒、鲜花椒、白酒（酒精度≥52% vol），冷开水备用。

2. 实验设备及用具

不锈钢菜刀，砧板，5000 mL 陶器罐或玻璃罐（上颈口带蓄水围盘）等。

四、实验内容

1. 工艺流程

选料→除杂→清洗→沥干→分切→加盐软化（鲜青菜头）→沥干水分→分切后的青菜头入罐→泡制→成品→检验

2. 参考配方

鲜青菜头 2500 g，鲜胭脂萝卜 500 g，鲜辣椒 250 g，鲜嫩姜 250 g，白酒 150 mL。

3. 操作要点

（1）罐的消毒灭菌　将洗净的陶器罐或玻璃罐内壁浇上白酒均匀灭菌，备用。

（2）选料、清洗、沥干、配料　提前 5~6 d 将洗净的鲜胭脂萝卜、鲜辣椒、鲜嫩姜等入罐，加盐腌泡至水分溢出，备用。

（3）切分、加盐软化　泡制时，先将冷开水加盐（比例1∶0.05）搅匀，鲜青菜头切块（对破或三、四开）放入浸泡软化（约6 h）后，捞出，沥干水分备用。

（4）泡制　将软化后的青菜头块放入预制备用罐中，加盐（比例 1∶0.12），加入的干物质与腌制液要达到罐容量的 75%或 80%为宜，然后在罐颈口面倒入少许白酒，封罐。在罐颈围盘中加入适量清水，密封，避光阴晾保存 20 d 以上。

（5）检验　按产品技术要求进行检验，合格者即为成品。

五、实验结果与分析

（1）成品色泽应符泡菜特有的颜色，色泽红润、均匀一致；咸淡适宜，质地脆嫩。

（2）针对各组产品，进行质量分析。

六、问题与讨论

（1）除了鲜青菜头，还有哪些材料可以用于涪陵泡菜的制作？其原理是什么？

（2）请调查市场上相似商品常用的配料有哪些？

实验十　榨菜调味汁的制作

一、实验目的

（1）了解榨菜调味汁的性质及用途。

（2）理解榨菜调味汁制作的基本原理。

（3）掌握果榨菜调味汁制作的工艺流程和操作要点。

二、实验原理

榨菜调味汁俗称榨菜酱油，是以榨菜原料加工过程中的榨汁（该榨汁含有可溶性盐分、氨基酸、糖分及维生素、矿物质等，事实上就是一种蔬菜汁）为原料，添加香辛料（主要是增香，同时也增加系列营养物），经浓缩及高温熬制，成就酱油风格的色香（熬制过程中存在美拉德反应），形成具黄豆酱油风格的调味品，是黄豆酱油的替代品，涪陵民间主要用于拌凉菜、面条佐料。

三、实验材料及实验设备

1. 实验材料

榨菜汁（俗称榨菜盐水）、香辛料组合（自行研发配制多种风味），可以考虑添加或不添加白砂糖及氨基酸（以成本风味论，是开发优品的措施）等。

2. 实验设备及用具

电子台秤，操作台，真空浓缩设备（必要时，也可直接以夹层锅熬制浓缩），夹层锅等。

四、实验内容

1. 工艺流程配料

榨菜汁→过滤→真空浓缩→夹层锅高温熬制（微沸状态，若无前工序浓缩则应考虑蒸发，沸腾状态）→直至有大量食盐析出（即相对富集可溶有机物浓度，该浓度决定品味）→直至颜色为棕红色（3 d 左右）→检验→成品

2. 参考配方

（1）混合香料配比（%）：干姜 31.2，山奈 20.8，八角 10.4，小茴香 13，桂皮 8，花椒 4.4，砂仁 3.6，草果 3.6，胡椒 2.8，丁香 2.2，白砂糖、氨基酸等其他配料酌情添加。

（2）以成品计添加混合香料的比例为 0.9%；或按含盐 12%、榨菜汁 1.5 kg，加工 0.5 kg

成品计，添加 0.3%。

3. 操作要点

（1）取含食盐 8%~12%的合格榨菜汁，纱布过滤。

（2）真空浓缩至 40%。

（3）添加香料 98~90 °C 熬制 2~3 d，除去析出盐，即成。

五、实验结果与分析

（1）棕红色，白碗稍挂壁（即有良好浓度），具榨菜清香与香料香、榨菜酱油固有滋味（商超采购样品比对）。

（2）含盐量大于 19%，其他理化指标符合黄豆酱油 3 级以上标准。

六、问题与讨论

（1）榨菜酱油的主要原料是蔬菜汁吗，该榨汁及工艺是否安全？

（2）榨菜调味汁是否可叫榨菜酱油，为什么？

（3）榨菜汁中的营养素及其加工制品符合酱油标准吗？

实验十一　低盐酱菜的制作

一、实验目的

（1）熟悉低盐酱菜加工的基本原理。

（2）掌握低盐酱菜的加工技术。

二、实验原理

低盐酱菜加工利用了低盐化盐渍菜的保藏原理，如渗透压、防腐剂、加热灭菌和低温等处理方式，并结合微生物的发酵作用、蛋白质的分解作用以及其他生物化学作用，抑制有害微生物活动和增加产品的色、香、味。

三、实验材料及设备

1. 实验材料

萝卜、茎瘤芥（又叫青菜头）、芜菁甘蓝（又叫大头菜）等新鲜蔬菜，食盐，酱油，味精，白砂糖等。

2. 实验设备及用具

电磁炉，台秤，不锈钢刀，砧板，不锈钢盆，菜坛，封口机，恒温水浴锅等。

四、实验内容

1. 参考工艺

原料检验→盐渍→切菜→脱盐→配料→酱制→装袋→抽真空封口→检查→杀菌→冷却→检验

2. 操作要点

（1）食品原材料的检验

根据不同原料的验收标准严格进行挑选分级，不合格者禁止使用。如大头菜要求以新鲜饱满、无病虫、成熟度适中的大头菜；味精、食盐、酱油、白砂糖等辅料，均为市售优级，符合食用标准；水必须符合国家颁布的生活饮用水卫生标准

（2）盐渍　按照每100 kg蔬菜用盐7~9 kg，一层菜一层盐，下少上多的方式盐渍，缸满为止。以后每隔12 h转缸一次，并将原盐水浇淋在菜面上，如此进行4次后出缸。

（3）脱盐　将蔬菜成丝或切成丁，用3~4倍的水将其浸泡脱盐，浸泡时间5~6 h，捞

出去除凉水，用无菌水漂洗两次，去除水分后备用。

（4）酱液的配制　将酱油倒入不锈钢锅中加热至 90 ℃ 后加入白糖溶化至沸，立即起锅加入味精，采用人工降温法将其降到 28 ℃ 以下。

（5）酱制　将处理好的原料入桶，桶事先要洗净消毒，再将冷却好的酱液倒入其中，密封保存，夏季 2～3 d，春秋季 4～5 d，冬季 5～7 d，即可完成酱制阶段。酱制期间搅拌一次，以利腌制均匀。

（6）装袋　用秤计量，分装入复合袋中，每袋重量为 100 g。

（7）真空封口、整形、检查　复合袋用真空包装机在 0.100 MPa 的真空度下抽空封口，热合带宽度应大于 8 mm，热合才能牢固。将封口不牢、真空度不符合要求者检出，合格者整形压成扁平状，便于灭菌和成品装箱。

（9）杀菌、冷却　采用 85 ℃、10 min 杀菌，杀菌后迅速冷却至室温。

（10）检验　检出因杀菌工艺过程所造成破损的袋子，并随机抽样，置于 28 ℃ 条件下培养 7 d，观察是否产生胀袋现象，确保产品质量。

五、实验结果与分析

1. 感官指标

参考 GB 2714—2015，从滋味、气味、状态等方面制订感官评价表进行评价。

2. 理化指标

（1）食品添加剂　符合 GB 2760—2017 中腌渍蔬菜或发酵蔬菜制品的规定。

（2）污染物限量　应符合 GB 2762—2017 中腌渍蔬菜的规定。

3. 微生物指标

大肠菌群、致病菌等，参考 GB 2714—2015 执行。

六、问题与讨论

（1）如何提高低盐化酱腌菜的货架期？

（2）引起盐渍菜变质的主要原因是什么？

（3）如何保持或提高低盐酱腌菜的脆度？

实验十二　花生多肽饮料的制作

一、实验目的

（1）熟悉花生多肽的制备方法。

（2）掌握花生多肽饮料的加工制作方法。

二、实验原理

多肽是一种具有极强活性和生理多样性的小分子营养。蛋白质经水解制得的肽类比蛋白质具有更好的营养性能，肽的吸收率比氨基酸高，比氨基酸更易、更快通过小肠黏膜被人体吸收利用。花生蛋白活性多肽在营养保健领域具有多种卓越的生理功能，非常适合开发成多肽饮品。花生多肽饮料是以花生或花生饼粕为主要原料，先将其中的蛋白质加水迅速加热，使其产生变性，然后用蛋白酶催化蛋白质分解制成多肽液，再经调配制成的饮品。

三、实验材料及设备

1. 实验原料

花生饼粕，胰蛋白酶，脱盐乳清粉，乳酸菌发酵剂（保加利亚乳杆菌、嗜热链球菌之比=1∶1）等。

2. 实验仪器及用具

电热恒温水浴锅，生化培养箱，冷冻干燥机，pH计，洁净工作台，恒温磁力搅拌器等。

四、实验内容

1. 参考工艺

（1）酶法提取制备花生蛋白多肽工艺

花生饼粕预处理→加水→调pH→加热处理→冷却→酶解→灭酶→冷却→离心→上清液→超滤（截留分子量 10 kD）→冷冻干燥→花生水解蛋白肽

（2）花生多肽饮料工艺条件

花生蛋白多肽粉→调配→加热灭菌→冷却→接种→乳酸发酵→后发酵→调配→冷藏→成品

2. 操作要点

（1）花生饼粕预处理　将冷榨油后的花生饼粕粉碎，过40目筛。

（2）加水　调 pH 按底物质量浓度 50 g/L 的比例加水，调节 pH 至 9。

（3）加热　在 100 °C 加热 10 min。

（4）酶解　按酶与底物比 1∶50（*m/m*）加入酶制剂，在水解温度 50 °C 下酶解 200 min。

（5）灭酶　在 100 °C 保持 10 min。

（6）离心　花生蛋白水解液，调整至 pH 7.0，4000 r/min 离心 40 min。

（7）调配　花生水解蛋白质量浓度 20 g/L、乳清粉加入量 10 g/L。

（8）加热灭菌　在 100 °C 加热 5 min。

（9）接种　按发酵剂与发酵液比 1∶25（g/kg）接种，并搅拌均匀。

（10）乳酸发酵　在 42 °C 下进行发酵，以 pH 值不再变化作为发酵终点。

（11）后发酵　在 4 °C 条件下后发酵 15 h。

五、实验结果与分析

1. 感官评价

参考 GB 7101—2015，从色泽、状态、滋味、气味等方面制订感官评价表进行评价。

2. 理化检验

（1）锌、铜、铁总和，氰化物，脲酶实验　根据 GB 7101—2015 的规定执行。

（2）真菌毒素限量指标　参考 GB 2761—2017 执行。

（3）污染物限量指标　参考 GB 2762—2017 执行。

3. 微生物检验

菌落总数、大肠菌群、霉菌和酵母，根据 GB 7101—2015 的规定执行；致病菌限量符合 GB 29921—2013 的规定。

六、问题与讨论

（1）花生多肽有哪些生理活性？

（2）如何提高花生多肽的溶解性？

GB 7101—2015

实验十三 八宝粥罐头的制作

一、实验目的

（1）熟悉制作八宝粥罐头的仪器设备及使用方法。

（2）掌握八宝粥罐头的基本制作方法和关键操作步骤。

二、实验原理

八宝粥罐头是利用谷物、豆类及营养价值较高的薏仁、桂圆等，加汤料，经蒸煮制成味道独特的方便食品。八宝粥的生产加工工艺复杂，技术独特，质量要求高，贮藏时间长，是我国的传统食品之一，也是农产品深加工的有效手段。

三、实验材料及实验设备

1. 实验材料

糯米，红小豆，绿豆，花生，薏仁，桂圆，白砂糖等。

2. 实验设备及用具

电子秤，不锈钢锅，电磁炉，杀菌锅等。

四、实验内容

1. 参考工艺

糯米、薏仁、绿豆、桂圆→洗涤、浸泡

               ↓

红小豆和花生→洗涤→预煮→加水、加糖、熬煮→灌装→杀菌→冷却→成品

2. 参考配方

糯米净料 4.5 kg，粳米 1.5 kg，花生米粒 2 kg，红小豆 2.2 kg，绿豆 1.8 kg，薏仁 2.6 kg，桂圆肉 1~2 片。

3. 操作要点

（1）原辅材料的选择与处理 糯米、豆类、干果、杂粮等原料应颗粒饱满、色泽正常，无虫蛀，无霉变，无杂质，无污染。应符合有关标准的要求。

（2）洗涤、浸泡 称取糯米及其他原料，并淘洗干净。糯米以 30 ℃温水浸泡 8~10 h。

薏仁浸泡 6 ~ 10 h。绿豆在室温 25 ℃ 以下浸泡 6 ~ 12 h，在室温 25 ℃ 以上浸泡 3 ~ 6 h。

（3）洗涤、预煮　红豆和花生浸泡 6 ~ 10 h，并在浸泡水中预煮 15 min。桂圆经两次浸泡后，过滤，滤液待用。

（4）加水、加糖、熬煮　在锅中加入谷豆、桂圆、白砂糖，注入桂圆浸泡的滤液，再补充水，熬煮 30 min。也可以加入 20 mg/kg 的乙基麦芽酚作为增香剂。

（5）灌装　熬煮好后装罐，目前八宝粥产品均采用 360 g 金属罐罐装，形状是圆罐，瓶盖采用塑料盖，盖内夹有塑料勺子。根据实际生产经验，密封后罐头的真空度一般以 59 kPa（450 mmHg）为宜。

（6）杀菌　八宝粥产品的杀菌过程也是糊化过程，既要保证产品的保质期，又要使产品具有一定的体态，质地细腻，软硬适当，入口即酥。罐装后，在杀菌锅中 121 ℃、0.1 MPa 下杀菌 15 min。

（7）冷却　自然冷却至室温。

五、实验结果与分析

（1）红豆和花生的红色素是水溶性的。在实验时，为了保持产品的颜色，一方面红豆和花生的含量要占足够的比例，另一方面浸泡红豆与花生的水含有红色素，不能废弃，可用来熬煮红豆与花生。

（2）红豆与花生比其他谷豆难熟化，只有经过预煮，才能在完成熬煮和杀菌后使所有配料保持熟化程度一致和外形完整。

（3）绿豆很容易发芽，浸泡温度和时间需严格掌握。

（4）原料与水之比为 1∶4 时，杀菌糊化后的产品黏稠度较适宜，原料固形物能够得到很好糊化，形成很好的粥型。

六、问题与讨论

（1）不同配方的八宝粥罐头都有哪些营养价值？

（2）如何改善加工工艺延长八宝粥罐头的保质期？

第三章

创新性实验

实验一　功能性饮料的研制

一、产品研究背景

功能饮料是指在普通饮料基础上，通过调整其特定营养成分而生产的、适合特定人群，且具有一定功能的饮料。功能饮料包括运动饮料、能量饮料、滋补饮料和低热量饮料等。运动饮料种类繁多，可以适应不同类型运动员的特殊营养需求，主要添加矿物质、维生素和能量物质。滋补饮料主要添加了具有调节机体代谢、肠道菌群、免疫增强和疾病预防等功效的食物活性成分，具有高附加值的优点。低热量饮料主要通过使用低能量添加剂代替传统糖类甜味剂而降低饮料的能量，即使长期饮用也可有效控制体重，预防高血脂等心血管疾病。

二、产品方案

1. 原辅料

纯净水，柠檬酸，葡萄糖，氯化钠，氯化钾，维生素 C，食用色素，磷酸二氢钾，白砂糖，柠檬酸钠，三氯蔗糖，香精，阿斯巴甜，低聚异麦芽糖，咖啡提取物，食用色素，焦糖色素，薄荷香精，咖啡香精，橙味香精，维生素 B_1，维生素 B_2，茶叶，苹果等。

2. 设　备

搅拌机，漏斗，巴氏杀菌器，玻璃瓶封口机，水浴锅等。

3. 设计的指标与实验要求

（1）若设计提取物功能饮料，应先检测提取物中主效活性成分的含量。

（2）产品应具有令人愉悦的感官品质。

（3）同学们应依据查阅的资料自行设计 4~5 个配方及生产工艺。随后依据设计以 2~4 人为实验小组制作产品，产品完成后应进行感官评定。

4. 产品形式

玻璃罐装。

三、产品的设计与开发

1. 产品设计开发流程

配方→称量原辅料→混合→过滤→均质→装罐→杀菌→封装

2. 产品设计开发的要素

（1）糖酸比　产品的碳酸含量应适宜，从而赋予产品良好的滋味。

（2）添加剂的使用　添加剂的使用量应满足国家标准，严禁为了愉悦的感官而过度添加。

（3）天然提取物的使用　产品若需使用天然提取物，其来源必须为食品而非中药或不可食用材料。

（4）各种原辅料的配比　这是影响产品感官品质的重要因素，也对产品杀菌和贮藏条件具有影响。应在满足各种使用限量的情况下充分考虑各材料比例，使其产生令人愉悦的感官品质。

（5）过滤　将原材料混合后难免有不溶性沉淀，因此应对混合后溶液进行过滤。

（6）均质　为了保证产品顺滑的口感或厚重感，可向体系中加入脂溶性、水溶性和乳化剂等物质，通过均质使其混合均匀，并在贮藏过程中不发生分层。

（7）灌装　将冷却后的产品装入事先准备好的包装袋中，重量定为 200 g/袋，然后再用真空封口机封口，封口要求平整、牢固、平直、规范。充气 21 s，排气 5.2 s，加热时间 3.4 s，冷却时间 2.6 s。

（8）灭菌　灌装好的产品于 85 ℃ 的条件下进行巴氏灭菌 20 min，随后趁热封盖和冷却。

3. 感官评价

各组同学品尝，依次就功能饮料的色、香、味进行感官评价，并打分（表 3-1）。

表 3-1　功能饮料的感官评价表

项目	评分标准	评分（分）
色	无沉淀，色泽艳丽	15～20
	无沉淀但色泽较暗	10～15
	有沉淀且发生明显褐变	0～10
香	具有主要原材料的特征香气或具有怡人的香味	7～10
	香精气味太过明显，无特征香味	3～7
	有令人不愉快的异味	0～3
味	酸甜适口，无苦涩等不良味道	15～20
	过酸或过甜，但仍在可接受范围内	10～15
	有令人难以接受的奇怪味道或毫无滋味	0～10

四、问题与讨论

（1）罐装功能饮料的品控指标有哪些？分别应符合什么要求？

（2）如何延长功能饮料的保质期？

实验二　果蔬复合饮料的研制

一、产品研究背景

水果、蔬菜中均含有人体所需的维生素、糖类、氨基酸、矿物质和膳食纤维等多种营养成分。目前，市面上销售的果蔬饮料多以单一的水果汁或蔬菜汁饮料制成，成分比较单一，营养不均衡。缺乏多种营养互补的水果、蔬菜配制而成的饮料，因此急需大量研发。果蔬复合饮料是指用水果和蔬菜为原料，经压榨、过滤、澄清等工艺，加入水、糖液、酸味剂、食用香精、稳定剂等食品添加剂调制加工而成的制品。

二、产品方案

1. 原辅料

胡萝卜、番茄、黄瓜、红薯、苹果、橙子、香蕉、草莓、菠萝等果蔬，白砂糖，柠檬酸，香精（橘子、菠萝、甜橙香精），黄原胶，海藻酸钠等。

2. 设　备

不锈钢锅，打浆机，榨汁机，胶体磨，均质机，玻璃瓶，水浴锅，温度计，台秤，天平，烧杯，手持糖度计等。

3. 设计的指标与实验要求

（1）产品营养均衡、配伍合理。

（2）同学们应依据查阅的资料选择不同的蔬菜、水果配制果蔬复合饮料，并进行配方及生产工艺设计。通过单因素实验、正交实验优化产品的配方。然后，进行感官评定、理化指标和微生物指标检测。

4. 产品形式

200 mL 玻璃罐装。

三、产品的设计与开发

1. 产品设计开发流程

原料处理→加热软化→打浆过滤→混合调配→脱气→均质→封盖→杀菌→冷却→成品→检验与品评

2. 产品设计开发的要素

（1）原料处理　采用新鲜无腐烂、无病虫害、冻伤及严重机械损伤的水果，成熟度八至九成。然后以清水清洗干净，并摘除过长的果把，用小刀修除干疤、虫蛀等不合格部分，最后再用清水冲洗一遍。（注意蔬菜的步骤基本相似）

（2）加热软化 洗净的果以 2 倍的水进行加热软化，沸水下锅，加热软化 3 ~ 8 min。

（3）打浆过滤 软化后的果蔬趁热打浆，浆渣再以少量水打一次浆，用 4 层纱布过滤。

（4）混合调配 按一定比例加入蔬菜汁、水果汁、柠檬酸、糖、稳定剂等进行混合并搅拌均匀。调配顺序：糖的溶解与过滤→加果蔬汁→调整糖酸比→加稳定剂、增稠剂→加色素→加香精→搅拌、均质。

（5）脱气 果蔬原料本身含有氧，在榨汁、调配、搅拌、分离、过滤时，还会引起空气的二次混入；水中空气也会带入饮料中。脱气对抑制好气菌繁殖，防止果浆或其他悬浮物上浮，杀菌或灌装时气泡，减少维生素 C 损失，防止香味和色泽变化以及防止马口铁罐的腐蚀具有重要意义，但会损失部分挥发性芳香成分。脱气的方法有真空脱气、气体置换脱气、加热脱气、化学脱气以及酶法脱气等 5 种。采取加热排气法，即用热交换器快速加热果汁至 95 ℃维持 30 s。

（6）均质 通过均质可使含有不同大小浆粒的果蔬汁悬浮液中的浆粒进一步微细化，改变其颗粒大小和粒径分布，使果肉汁完全乳化混合，使果蔬汁保持一定的浑浊度，获得不易分离和沉淀的果蔬汁饮料；促进果胶渗出，使果胶和果汁亲和，均匀而稳定的分散于果蔬汁中，保持均匀的浑浊度；减少稳定剂和增稠剂用量，改善饮料口感。

浑浊型果蔬汁饮料均质压力 18 ~ 20 MPa，果肉型 30 ~ 40 MPa。经高压均质机均质后固体颗粒粒度＜2 μm。若无均质机，可用胶体磨或匀浆机代替，其粒径为 2 ~ 5 μm。

（7）杀菌 通过杀菌可破坏酶的活性，防止变色反应和其他反应；破坏微生物，使酵母和霉菌等微生物致死，防止发酵和败坏（果蔬汁为酸性或低酸性食品，pH 为 2.4 ~ 5.0，一般 pH 为 3 左右；酵母、霉菌生长的 pH 范围为 2 ~ 11，乳酸菌、醋酸菌生长的 pH 为 3 ~ 4，其他细菌生长的 pH 为 4.5 ~ 9.5；可见危害果蔬汁的微生物主要是酵母、霉菌、醋酸菌和乳酸菌等细菌）。

在现代饮料生产中，几乎都采用高温短时或瞬时杀菌工艺。普遍采用（93±2）℃，保持 15 ~ 30 s 的瞬时杀菌工艺，特殊情况时采用 120 ℃以上温度，保持 3 ~ 10 s 的超高温瞬时杀菌工艺。亦可用 95 ℃水浴杀菌 8 ~ 10 min，但由于受热时间长，易产生沉淀和分层现象。

（8）灌装与冷却 除部分纸容器外，果蔬汁大多采用热灌装。杀菌后果汁温度一般降低 1 ~ 3 ℃，故灌装机内果汁温度常在 90 ℃左右。玻璃瓶的热灌装温度稍低些，果汁温度 85 ℃左右，玻璃瓶先预热，灌装封盖后，将瓶翻转保温对瓶盖杀菌，随后经过有 3 ~ 4 级温差的冷却器冷却至 40 ℃左右。纸容器由于聚乙烯的软化温度和密封特性，灌装时果汁温度一般 80 ℃左右。除热灌装外，纸容器包装还可采用冷灌装和无菌灌装。

（9）检验与品评 将冷却后的产品于 37 ℃恒温箱中保温一周，参考 GB 7101—2015 对其理化指标和微生物指标进行测定，若无变质和败坏现象，则该产品的货架期可达一年。参考 GB 7101—2015，从色泽、状态、滋味、气味等方面制订感官评价表进行评价。

四、问题与讨论

在果蔬饮料生产的过程，可以采取哪些手段防止其分层？

GB 29921—2013

实验三　超声波提取橙皮中黄酮的研究

一、研究背景

川渝地区生产柑橘类水果，橙皮渣是橙子加工的主要副产物，富含黄酮、果胶、纤维素、香精油色素等成分。橙皮渣的处理是川渝企业加工的一大难题，通过提取橙皮渣中的黄酮等功能性成分，有助于提高柑橘水果的利用率，提高橙皮的利用度和附加值。通过本实验教学，培养学生功能物质提取方面科学研究的思维方法、科学研究的能力和创新意识，是学生了解科研选题、实验设计、实验操作、结果分析、图片和数据处理、文献查阅、论文撰写和答辩等科研基本环节。

"液-固萃取法"应选择适宜的提取溶剂及提取方法，以便能充分提取食品中的某种活性成分。超声波辅助提取由于超声波剪切作用，有利于破坏细胞壁，有利于胞内物质的溶出。

二、实验设计方案

1. 实验材料及试剂

橙皮，乙醇，滤纸等。

2. 实验设备及用具

旋转蒸发仪，恒温水浴锅，鼓风干燥箱，研钵，筛子，削皮刀等。

3. 参考工艺流程

橙皮→干燥磨粉→脱脂→过滤→不同浓度的乙醇提取→超声不同时间→滤液旋转蒸发干燥→粗黄酮

4. 实验流程

（1）检查预习报告的书写情况。提问学生预习的程度，有针对性地讲解。

（2）讲解研究科研选题流程、方案设计流程及方法。

（3）讲解提取方法优化的方法。

（4）运用讲授法、谈话法、演示法对实验进行讲解，主要包括实验原理、实验方法和注意事项。

5. 实验安排

（1）实验前一周要求学生分组查阅资料，初步了解提取方法优化的思路，做好预习及实验方案。

（2）教师对学生预习及方案提出改进意见。

（3）学生根据方案进行实验。

三、计算得率

$$得率 = \frac{(m_2 - m_0)}{m_1} \times 100\%$$

式中　m_0——空烧杯的重量；

　　　m_1——柚皮粉和空烧杯的重量；

　　　m_2——提取物烘干后与烧杯的总重。

四、问题与讨论

查阅资料，说明脱脂时乙醚、石油醚的使用注意事项。

实验四　发酵果蔬酱的研制

一、产品研究背景

果酱酸甜可口，备受欢迎。我国是世界最大的果蔬原料生产国，果蔬产品种类越来越丰富。果蔬发酵后可以改善一些生食的弊端，如生味、苦味、芥辣味和刺激味，还可以增加营养价值，促进人体消化吸收。因此，本实验设计开发发酵果蔬酱产品。

二、产品方案

1. 原辅料

自选各种水果、蔬菜，白砂糖，食盐，乳酸菌等菌种，卡拉胶、果胶、黄原胶等食品添加剂。

2. 设备用具

电磁炉，搅拌机，水浴锅，均质机，恒温培养箱，恒温摇床，罐头瓶，真空包装袋，真空包装机，砧板，菜刀等。

3. 设计的指标与实验要求

实验前，要求学生广泛查阅资料和进行市场调研，根据果蔬的特色，如营养、色泽、组织状态、口味、易发酵等原则，合理筛选果蔬原料，自己设计实验方案，要求至少两种以上的蔬菜和水果进行复合。要求对成品进行感官检验及必要的理化检验等。实验 3 人及以上一组，以组为单位进行实验。

4. 产品形式

果蔬酱每罐 200 g。

三、产品的设计与开发

1. 产品设计开发流程

$$接种$$
$$\downarrow$$

原料选择→洗涤→切分→软化→打浆→煮制浓缩→调整糖酸→发酵→灌装→杀菌→密封→冷却→成品

2. 产品设计开发的要素

（1）原料果蔬的选择　选择市场上新鲜、无霉烂、无机械损伤、组织细腻的水果及蔬菜。

（2）洗涤切分　去皮去核，留取可食部分。

（3）软化打浆　加入适量的水，熬煮，软化，用搅拌机打浆，必要时使用均质机均质。

（4）浓缩　使用电磁炉，一定温度下熬煮一段时间进行浓缩。装罐。

（5）发酵　添加乳酸菌，加入适量的糖及酸，搅拌均匀，调整合适的发酵条件，于培养箱或恒温摇床中发酵。

（6）杀菌、冷却　采用水浴杀菌，升温时间 5 min，沸腾下保温 15 min；然后产品分别在 75 ℃、55 ℃ 水中逐步冷却至 37 ℃ 左右，尽快降低酱温。冷却后擦干瓶外水珠，得成品。

说明：上述步骤中，原辅料的配比选择实验、发酵条件的确定实验，需要在单因素试验的基础上，进行正交试验。各组自行确定实验因素水平及评价指标。

3. 感官评价

对产品进行色、香、味、形、质地、口感等方面的评价。

四、问题与讨论

（1）不同的果蔬，预处理上有哪些不同？

（2）如何加快发酵速度？

实验五　榨菜肉末的研制

一、产品设计背景

榨菜中主要含蛋白质、酶、维生素、油脂、胡萝卜素、膳食纤维、矿物质和谷氨酸、天门冬氨酸、丙氨酸等 17 种游离氨基酸，以鲜、香、嫩、脆的特色驰名海内外，深受百姓喜爱。榨菜肉末是重庆涪陵区当地人民爱吃的一款家常佐饭菜，将肉、菜混合，研究复合型方便榨菜肉末，既满足了消费者的口味和营养需求，又促进了我国传统菜肴的工业化和方便化。

二、产品方案

1．原辅料

猪肉，榨菜，辣椒面，五香粉，食盐，白砂糖等。

2．设备用具

真空包装袋，真空包装机，电磁炉，菜刀、水浴锅等。

3．实验要求

实验前，要求学生广泛查阅资料和市场调研，自己设计实验方案，建立感官评价表，开发不同风味的榨菜肉末产品。要求对成品进行感官检验及必要的理化检验等。实验 3 人及以上一组，以组为单位进行实验。产品配方采用单因素实验和正交实验进行研究。

三、产品的设计与开发

1．榨菜肉末工艺流程

榨菜选料→切丁

　　↓

选择猪肉→修整→清洗→配比→炒制→冷却→装袋→真空封口→杀菌→冷却

2．操作要点

（1）原料肉的选择　选择市场上新鲜且合格的猪肉购买。肥瘦要适宜，不宜过肥或者过瘦。

（2）榨菜的选择　榨菜丝。

（3）切丁　用菜刀将整理好的榨菜切成大约 5 mm×5 mm 的菜粒，肉切成 1 mm³ 左右的肉末，不可太细。

（4）原料肉修整和配比　首先原料需要修整，去除残留淋巴、病灶、淤血、浮毛、表面风干氧化层、软骨及其他污染物和杂质，用水洗净后，将肥肉和瘦肉切分开来。

将肥肉和瘦肉按 1：2 的比例分配后分别称重 100 g，再分别与 100 g 的榨菜粒炒制。炒制调料为每 100 g 主料用辣椒粉适量，白砂糖适量，五香粉适量，食盐适量。

炒制方法：将适量色拉油加热至 160～170 ℃，投入干辣椒，然后投入拌和好的原料肉，均匀炒制 1 min 投入榨菜与白砂糖、食盐少许，炒制 3 min，让肉末均匀分布于榨菜中，后加入鸡精与五香粉炒制 1 min 起锅。

待稍冷却后同学品尝，依次就榨菜的色、香、味、形进行感官评价，感官评价表见表3-2。

表 3-2　榨菜肉沫感官评价表

项目	评分标准	评分（分）
色	开袋可见，黄绿的菜粒中央夹杂着粉嫩的猪肉，榨菜表面油量鲜红	15～20
	菜着色不匀，猪肉色泽暗红	10～15
	开袋可见，榨菜颜色暗哑，猪肉色泽发黑红	0～10
香	有猪肉的清香、榨菜特有的香气和调料的香气	7～10
	调味料香气过重，猪肉和榨菜特有的香气较淡	3～7
	有炒糊的焦味道，猪肉和榨菜的香气基本没有	0～3
味	香辣适口，肉有嚼劲，榨菜脆爽可口	15～20
	味道略咸或略淡，但是肉和榨菜却保有自身的风味	10～15
	过咸或者过淡，肉和榨菜自身的风味不明显	0～10
形	开袋可见榨菜和肉末混合均匀，肉末及菜粒大小均匀	7～10
	开袋可见榨菜和肉末混合较不均匀，肉末及菜粒大小较均匀	3～7
	开袋可见榨菜和肉末混合不均匀，肉末及菜粒大小不均	0～3

（5）配料的配比选择　在单因素试验的基础上，对食盐、干辣椒、五香粉、白砂糖的添加量再进行四因素三水平正交试验（表 3-3 及表 3-4），产品的感官评分方法确定配料添加的最优配方。

表 3-3　正交试验因素水平表

水平	因素			
	干辣椒粉/g	白砂糖/g	五香粉/g	食盐/g
1				
2				
3				

表 3-4 正交试验安排表

试验号	因素				综合评分
	A	B	C	D	
1	1	1	1	1	
2	1	2	2	2	
3	1	3	3	3	
4	2	1	2	3	
5	2	2	3	1	
6	2	3	1	2	
7	3	1	3	2	
8	3	2	1	3	
9	3	3	2	1	
k1					
k2					
k3					
R					

（6）冷却　取适量的肉和榨菜，选择最佳比例搭配炒制。起锅后放于干净的托盘上摊凉，待热气散发，冷却至室温时，便可进行包装。

（7）装袋和封口　将冷却后的榨菜肉末装入事先准备好的包装袋中，重量定为 200 g/袋，然后再用真空封口机封口，封口要求平整、牢固、平直、规范。充气 21 s，排气 5.2 s，加热温度：中，加热时间 3.4 s，冷却时间 2.6 s。

（8）灭菌　包装好的产品于 85 ℃ 的条件下进行灭菌 20 min。

3．感官评价

各组同学品尝，依次就榨菜肉末的色、香、味、形进行感官评价，并打分。

四、问题与讨论

（1）袋装熟肉制品卫生指标有哪些？分别应符合什么要求？

（2）如何延长袋装榨菜肉末的保质期？

实验六　胭脂萝卜果蔬粉的研制

一、产品研究背景

胭脂萝卜是重庆市涪陵区的一大特产，当地人称为红萝卜。胭脂萝卜成熟时间比较早，抽薹时间晚，不容易产生糠心，抵御病虫害的能力也比较强，易储存；胭脂萝卜较普通萝卜品质好，辣味较普通萝卜小，质地脆嫩，营养全面；而且从内到外都呈现红色，含花青素较多，容易溶于水，非常适用于食品加工。目前，胭脂萝卜主要用于制作红萝卜干、泡菜等传统食品，深加工品种较少，特色加工产品品种不多，加工总体利用程度低，产品附加值低。

蔬菜粉作为蔬菜深加工特色产品之一，成为国内外蔬菜深加工的热点。一般新鲜蔬菜的水分含量比较高，高达 90%以上，极易腐烂，保藏和运输都不方便，把新鲜蔬菜加工成蔬菜粉，水分含量大大降低，容易保藏，同时降低了保藏、运输、包装等方面的费用。

二、产品方案

1. 原辅料

胭脂萝卜，红薯，白砂糖，柠檬酸，麦芽糊精，β-环状糊精，真空包装袋等。

2. 设备及器具

搅拌机，真空包装机，鼓风干燥箱，均质机，微型植物粉碎机，胶体磨，菜刀，砧板等。

3. 设计的指标

（1）感官指标

参考 NYT1884—2010，从色泽、组织状态、滋味、气味、冲调性、杂质等方面制订感官评价表进行评价。

（2）理化指标

水分、灰分、蛋白质、酸不溶性灰分、总酸、酸价、过氧化值、番茄红素、无机砷、铅镉、总汞、亚硝酸盐、二氧化硫、黄曲霉毒素、展青霉素、苯甲酸及其钠盐、糖精钠、六六六、胭脂红等指标，参考 NY/T1884—2010 执行。

（3）微生物指标

菌落总数、大肠菌群、霉菌和酵母菌、致病菌（沙门氏菌、志贺氏菌、金黄色葡萄球菌）等指标，参考 NY/T1884—2010 执行。

4. 实验要求

（1）要求学生查阅国内外相关产品的标准和研究资料，撰写课题研究现状及实验方案。

（2）要求在制作工艺或配方等方面具有创新性，开发出个性化的果蔬粉。

5. 产品形式

200 g 袋装果蔬粉。

三、产品的设计与开发

1. 产品设计开发流程

原料挑选→清洗→切块→打浆→研磨→调配→均质→干燥→制粉→成品

2. 产品设计开发的要素

（1）原料挑选　挑选没有严重物理伤、没有遭受病虫害、没有腐烂现象的成熟新鲜红薯和胭脂萝卜作为原料。

（2）清洗　将挑选好的胭脂萝卜和红薯清洗干净，沥干水分待用。

（3）切块　将胭脂萝卜和红薯切成 1 cm³ 左右的块。

（4）打浆　将切好的萝卜块、红薯块，加入适量的饮用水，放入搅拌机中进行打浆，重复打浆 2~3 次，每次 120 s。

（5）研磨　将萝卜红薯复合浆液过胶体磨 4 次。

（6）调配　将麦芽糊精、柠檬酸、β-环状糊精按一定比例添加到萝卜红薯混合浆液中。通过正交试验对该配方进行优化，其水平因素表如表 3-5 所示：

表 3-5　配方因素水平表

水平	因素				
	A 复合料比	B 麦芽糊精 添加量/%	C β-环状糊精 添加量/%	D 柠檬酸 添加量/%	E 白砂糖 添加量/%
1					
2					
3					
4					

（7）均质　对调配后的萝卜红薯混合浆液均质 2 min，形成均匀、更加细腻的浆液。

（8）干燥　利用鼓风干燥机对萝卜红薯混合浆液进行干燥，干燥温度为 60 ℃，干燥时间为 16 h。

（9）制粉　将干燥脱水后的产品放入微型植物干燥机中进行研磨制粉。

3. 感官评价

成立感官评定小组（由 10 名食品专业同学组成），按照表 3-6 的感官评定标准进行打分，最后取算术平均值作为最终的感官得分。

表 3-6　胭脂萝卜红薯复合蔬菜粉感官评定表

项目	标准	评分
色泽（15）	色泽均一，呈现淡胭脂红色	11～15
	色泽比较均匀，呈现淡玫瑰红色	5～10
	色泽不均匀，呈现淡粉红色	＜5
组织状态（20）	呈疏松，均匀一致的粉状，粉质细腻	15～20
	粉状较疏松，较均匀，粉质较细腻	10～15
	粉状不疏松，不均匀，粉质粗糙	＜10
滋味、气味（30）	具有胭脂萝卜和红薯独有的香味，风味协调，酸甜适中，无焦煳、酸败味及其他异味	23～30
	香味不足，风味协调，酸甜适中，无焦煳、酸败及其他异味	15～22
	有特有香味，风味协调，过酸或过甜，无焦煳、酸败味或其他异味	7～14
	香味不足，风味不协调，过酸或过甜，有焦煳、酸败味或其他异味	＜7
杂质（15）	无任何杂质	11～15
	有少许不明显杂质	5～10
	杂质明显	＜5
冲调性（20）	冲调后无结块，均匀一致	13～20
	有少许结块，较均匀	5～12
	有明显结块，不均匀	＜5

四、问题与讨论

胭脂萝卜中特有的"萝卜味"主要来源于什么物质？

NYT/1884—2010

实验七 可食果蔬包装纸的研制

一、产品研究背景

果蔬中含有丰富的维生素和粗纤维。维生素是人体生长和代谢所必需的微量有机物，粗纤维有利于胃肠蠕动，排便畅通，所以果蔬是人们日常生活中不可缺少的食物。我国果蔬资源丰富，产量占世界总产量的 1/4 以上，但由于运输保鲜等方面的原因，损失很大，且造成环境污染。而果蔬纸作为新型即食产品，可用于食品包装也可以食用，保质期可达 6 个月以上，这不仅解决了资源浪费问题，还能为人们提供具有良好色、香、味和脆度的新型果蔬产品。

二、产品方案

1. 原辅料

新鲜果蔬（水果、蔬菜）（市售）。

碳酸氢钠，果胶，羧甲基纤维素钠（CMC），黄原胶，海藻酸钠，魔芋粉，瓜尔豆胶，大豆分离蛋白，可溶性淀粉，甘油，调味料（均为食品级）等。

2. 设备及器具

多功能榨汁，搅拌机，离心机，微波炉，电热鼓风干燥箱，真空干燥箱等。

3. 设计的指标

（1）通过检验达到食品安全标准。

（2）通过检验接近包装纸的标准。

4. 实验要求

（1）要求学生查阅国内外相关资料，归纳总结资料，撰写课题研究现状及实验方案。

（2）要求在制作工艺或配方等方面具有创新性，开发出个性化的果蔬包装纸。

（3）每组 4～5 人，分工明确，协同配合，共同完成课题任务。

5. 产品形式

提供可食包装纸产品若干。

三、产品的设计与开发

1. 产品设计开发流程

配料溶液→煮沸

↓

果蔬→挑选→清洗→烫漂→切碎→离心甩干→匀浆→滚压成型
→一次微波干燥→揭膜→添加调味料→二次微波干燥→切割→包装

2. 产品设计开发的要素

（1）原料的选择　选择新鲜、色泽良好、无虫蚀的果蔬为原料，去除烂叶等不符合加工要求的组织。

（2）烫漂　采用 0.3%碳酸氢钠溶液进行烫漂护色，烫漂时间为 2 min。

（3）离心甩干　果蔬烫漂后切碎，用三足式离心机离心 1 min。

（4）匀浆　采用市售的普通搅肉设备进行蔬菜的匀浆处理，匀浆时间为 3 min。

（5）滚压成型　匀浆后的菜浆经滚压成型，控制厚度为 1～2 mm。

（6）膜干燥方法和成膜支撑物的确定　对于膜干燥方法，本实验尝试采用烘箱、微波及减压干燥 3 种方式进行比较，为避免干燥过程中果蔬纸营养损失和叶绿素被破坏变色，烘箱干燥和减压干燥设定温度为 85 ℃。有研究者采用玻璃板和铁板（烘箱隔板）作为涂布浆料的介质进行实验，本实验尝试用玻璃板、铁板和布 3 种介质作为果蔬纸的成膜支撑物进行比较。试验过程中将各种成膜支撑物用于每一种干燥方式（铁板不可用于微波干燥而舍弃此法），比较各个组合的效果，从而选出最适于工业化生产的干燥方式与成膜支撑物组合。

（7）最佳配方确定

① 成型配方的选择　由于果蔬的主要成分是维生素和膳食纤维，含有胶体物质很少，如果不加入黏结剂，则打成浆状的蔬菜不易成型。故采用多糖、大豆分离蛋白、可溶性淀粉等作为成型配料进行实验。根据前期实验结果，在原料为 500 g 果蔬和 40 mL 水的基础上，以 CMC、海藻酸钠、大豆分离蛋白、可溶性淀粉为成膜配料，进行四因素三水平的正交实验，见表3-7。采用顺位实验法，选15人以脆性作为感观评定项目进行感官评价实验，结果用 Kramer 检定表法（显著水平取 5%）进行分析，确定本实验的最佳成型配方，见表3-8。

② 调味配方的选择

采用食盐、味精、大豆水解蛋白、虾粉、白砂糖、辣椒粉、葱油香精等进行果蔬纸的调味实验，对口感风味进行综合评价，采用评分试验法和对比试验法选取最佳的调味配方。

表 3-7　可食果蔬包装纸成型正交实验因素表

水平	CMC/g	海藻酸钠/g	大豆分离蛋白/g	可溶性淀粉/g
1				
2				
3				

表 3-8 感官评定数据分析

试验号	CMC/g	海藻酸钠/g	大豆分离蛋白/g	可溶性淀粉/g	位级和/g
1					
2					
3					
4					
5					
6					
7					
8					
9					

③ 产品标准

本实验得到的果蔬纸成品色泽鲜绿，口感松脆，气味清香，营养价值高，可用于包装也可食用，水分含量小于 4%，保质期为 6 个月，便于贮存和运输，携带方便。

四、问题与讨论

（1）可食果蔬包装纸卫生指标有哪些？分别应符合什么要求？

（2）可食果蔬包装纸性能指标有哪些？分别应符合什么要求？

实验八　运动饮料的研制

一、产品研究背景

1. 定 义

GB 15266—2009 中将运动饮料定义为：营养素及其含量能适应运动或体力活动人群生理特点，能为机体补充水分、电解质和能量，可被迅速吸收的饮料。与其他饮料产品样，运动饮料非常注重风味特性和营养。运动饮料的主要成分有水分、维生素、糖类、无机盐、氨基酸、其他物质等。

2. 分 类

运动饮料分类多样。按照功能和人群需要运动饮料可分为：① 普通运动饮料，可及时补充人体在运动中能量消耗；② 功能性运动饮料，它添加了某些强化功能的营养成分，以满足某些特殊人群的特殊需求。运动饮料的产品分类按产品性状分为充气运动饮料、不充气运动饮料，不充气运动饮料又分为不充气液体运动饮料和固体运动饮料。

3. 运动饮料开发设计原则

（1）一般营养学原则

运动饮料作为食品，应该注意各种氨基酸的平衡，以及某些营养素之间的相生相克。人体的蛋白质代谢过程十分复杂，既需要代谢必需氨基酸，也需要代谢各种非必需氨基酸。如果某种氨基酸过多或过少就会干扰另一些氨基酸的利用，故必需氨基酸之间存在一个相对比值，以适应蛋白质合成的需要，即氨基酸的平衡性。某些营养素之间是相生相克的，例如 V_A 得到 V_E 的保护；V_C 能强化 V_E 的效果，能帮助铁和钙的吸收，而且还能使 V_A、V_E 和部分 V_B 类避免受到氧化；V_B 帮助 V_A 和 V_E 的吸收；V_E 可以保护 V_B 和 V_C 免于氧化。磷过量，钙会被耗损，铜过量，锌会损失；铁促进 V_B 族的代谢；V_E 和硒相辅相成。所以在开发运动饮料时，必须注意这些基本的营养原则，以使运动饮料能够发挥更好的效果。

（2）运动营养特殊性原则

蛋白质、脂肪、糖三大能量物质在运动饮料中应保持一定的比例关系，以热量百分比计，应为 15%：（24% ~ 25%）：60%。根据不同性质运动的代谢特点，可适当调整三者比例，如对于力量性运动需提高蛋白质的比例，耐力性运动需提高糖的比例，游泳项目可适当提高脂肪的比例。某些氨基酸或电解质等营养素在强化时，必须考虑运动员在运动时的消耗量大大超过平时的需求量，在遵守强化标准的前提下，对某些营养素要按允许的最大值进行强化。对于矿物质和维生素，根据不同的特点，适当补充。饮料的渗透压会影响胃排空和小肠吸收，运动饮料通常采用等渗或低渗。正常人在体内水分过多或过少时，都会通过肾脏自动进行调节，以保持体内水分的平衡。肾小管按人体的需要，调节对各种电解质的吸收量，以维持体内电解质的平衡，保持人体的正常生理活动；但如果某种电解质缺乏或比例不当时，会对运动能力和运动成绩产生影响。运动饮料的设计要考虑各种电解质的正确比例关系，使其接近人体体液，易被人体吸收。剧烈运动时，能量消耗增多，酸性代谢产物生成也相应增多，体内某些物质自动氧化增强，自由基产生增多，运动引起自由基损伤，而可能引起运动性贫血和力竭，运动后溶血作用增强，血清酶和肌红蛋白升高，肌肉疲劳产生和延迟性肌肉酸痛等症状。因此运动饮料的设计时，应注意对抗自由基功能的增强。在运动饮料的实际加工生产过程中，有时营养值和口感口味是矛盾的，达到了营养值，但口感口味不一定很好。作为运动饮料，需要在保证营养值的基础上，调整口味。

（3）安全性原则

食以安为先，安全性是所有食品的生命之所在。必须参考并遵守运动饮料标准，对每种产品都要经过长期的内部测试和检验机构的安全性检验认证，严守相关食品法规与标准，确保消费者的安全。

（4）经济性原则

运动食品设计中，在满足营养值的前提下，只有实现成本的控制，才能够使产品上市后在价格上能被消费者所接受。

（5）消费者心理需求原则

伴随生活水平的提高和回归自然思想的感召，运动饮料应该尽可能采用天然物料进行营养互补设计，以满足消费者对天然营养食品的追求。

（6）灵活性原则

不同运动项目，不同人群以及各种不同环境下人体生理的状况有很大区别，造成对营养的需求也不完全相同，运动饮料的设计开发可能相当的复杂，这就需要灵活处理。

以大豆多肽为主料，并加入适量辅料，制备出具有较高营养价值的运动饮料。大豆多肽是大豆蛋白的水解产物，分子量一般在 500~1200 Da，具有良好的溶解性、低黏度和抗凝胶形成性，易消化，具有增强人体机能，促进肌红细胞复原和抗疲劳等作用。

二、产品方案

1. 原辅料

大豆多肽，白砂糖，柠檬酸，苹果酸，蜂蜜，西柚浓缩汁，抗坏血酸，羧甲基纤维素，食盐等。

2. 设备及器具

电子天平，pH 计，配料罐，糖度计，恒温水浴槽，均质机，胶体磨，杀菌锅等。

3. 设计的指标

完成实验后，应对产品达到下列指标要求：

（1）感官要求　参考 GB 15266—2009 的规定执行。

（2）理化要求　参考 GB 15266—2009 的规定执行。

（3）卫生要求　参考 GB 15266—2009 的规定执行。

4. 实验要求

（1）要求学生查阅国内外相关资料，归纳总结资料，撰写课题研究现状及实验方案。

（2）要求在制作工艺或配方等方面具有创新性，开发出个性化的运动饮料配方或工艺。

5. 产品形式

250 mL 罐装。

三、产品的设计与开发

1. 产品设计开发流程

大豆多肽液+辅料→调配→过滤→均质→脱气→杀菌→冷却→灌装→保温→冷却→检查→成品

2. 产品设计开发的要素

（1）配方确定

大豆多肽有一定苦味，要使消费者接受饮料的口感、风味和外观，需要加入糖分、增稠剂、酸味剂等进行调配。参考配方如下：大豆多肽 0.5%～1.5%、白砂糖 2.0%～8.0%、蜂蜜 2.0%、西柚浓缩汁 1.0%、酸味剂[m（抗坏血酸）：m（苹果酸）：m（柠檬酸）=1：1：1]2.0%～3.0%、增稠剂（羧甲基纤维素）0.05%～0.15%、食盐 0.8%。为了确定饮料配方，采用正交实验，对饮料配方进行优化。水平因素表可参考表 3-9：

表 3-9　正交实验因素水平表

水平	多肽/%	白砂糖/%	增稠剂/%	酸味剂/%
1				
2				
3				

（2）调配　按配方比例配料，于 50 ℃ 的温水中全部溶解。

（3）过滤　将溶解好的物料通过孔径 200 目的滤网过滤，滤除物料中的残渣。

（4）均质、脱气　以 25 MPa 左右的压力对复合汁进行均质处理，并在 0.09 MPa 真空度下进行连续脱气。

（5）杀菌、冷却　灭菌前物料先预热到 60 ℃ 后进入灭菌器，135 ℃ 灭菌时间 5 s，然后冷却至 80 ℃。

（6）灌装、保温、冷却　杀菌后的物料即进行热灌装，并于 75 ℃ 保温 10 min，冷却至室温。

四、问题与讨论

（1）如何掩盖大豆三肽的苦味？

（2）影响该饮料的风味因素有哪些？

GB 15266—2009

实验九　橘皮红茶的研制

一、产品研究背景

橘皮又称为陈皮，是成熟柑橘果实的果皮，含有多种营养素和生物活性物质如维生素 C 和黄酮类化合物等，具有重要的营养和保健功效。我国有悠久的饮茶历史、浓厚的饮茶文化以及丰富的茶叶种类。设计开发一款风味独特的橘皮红茶，不仅可以综合利用茶和橘皮的营养物质，为人体保健服务，还能提高柑橘皮的利用率，推动柑橘产业发展。

二、产品方案

1. 原辅料

柑橘果皮，红茶等。

2. 设计的指标与实验要求

完成后的产品应达到国家对茶类产品要求，同时跟市面上销售的同类产品感官性状相近。要求学生先查阅相关资料，了解国家对茶类产品的要求，学生以 2～3 人为实验小组，自己选择不同的橘皮，自主设计生产工艺。

3. 产品形式

制作成配方好的方便包装茶袋，并在包装上注明饮用方法。

三、产品的设计与开发

1. 产品设计开发流程

红茶
↓
选择橘皮→清洗→切丁→干燥→配比→装袋→封口→冲泡→感官评价→确定最佳配方

2. 产品设计开发的要素

（1）橘皮的选择　选择市售的新鲜成熟柑橘果实的橘皮作为辅料，要求无腐烂、无霉斑、无病虫害。

（2）茶叶的选择　茶叶可以是市售的任何一种成品红茶。

（3）切丁　用切刀将新鲜柑橘果皮切成大约 5 mm×5 mm 的小丁。

（4）干燥　将橘皮放入 40 ℃鼓风干燥箱中干燥，直到含水量在 5%以下。

（5）橘皮茶的配比

① 单因素试验　考查橘皮/茶比例、浸泡时间、浸泡温度、浸泡水量等对橘皮茶口感的影响。橘皮和茶叶按一定比例配好后，加入适量一定温度的开水冲泡一段时间后，冷却到可以饮用时，记录茶汤的感官评分值（表3-10）。

② 正交试验　在单因素试验的基础上，再对橘皮/茶比例、浸泡水量、浸泡时间、浸泡温度进行四因素三水平正交试验（3-11），根据产品的感官评分确定最优配方（表3-12）。

表 3-10　正交试验因素水平表

水平	因素			
	橘皮、茶比例	浸泡水量/mL	浸泡时间/min	浸泡温度/ °C
1				
2				
3				

表 3-11　四因素三水平正交试验设计表

试验号	因素				综合评分
	A	B	C	D	
1	1	1	1	1	
2	1	2	2	2	
3	1	3	3	3	
4	2	1	2	3	
5	2	2	3	1	
6	2	3	1	2	
7	3	1	3	2	
8	3	2	1	3	
9	3	3	2	1	
k_1					
k_2					
k_3					
R					

表 3-12　橘皮茶感官评价表

项目	评分标准	评分（分）
色	汤色红而清澈，无浑浊现象	15～20
	茶汤浓厚或寡淡	10～15
	茶汤浑浊，颜色寡淡或发黑	0～10
香	有橘皮的清香和红茶的甜香，两种香味交织	7～10
	不能嗅到两种香味，只以其中一种为主	3～7
	有烟焦气或酸馊气	0～3

续表

项　目	评　分　标　准	评分（分）
味	有橘皮的甘甜和红茶的鲜醇	15～20
	味淡，只突出橘皮或红茶味道	10～15
	有明显的苦涩味	0～10
形	茶袋包装整齐均匀，表明平整，无破洞，茶汤无沉淀	7～10
	茶袋表面不平整，封口不紧密	3～7
	有明显破洞现象，茶汤有较多沉淀物	0～3

四、问题与讨论

（1）橘皮茶的保健功效有哪些？卫生指标要求是什么？

（2）如何存放橘皮茶？

实验十　食品中功能性成分的微胶囊化的研究

一、产品研究背景

随着人们生活水平的提高，食品的功能性越来越引起人们的重视。很多功能性成分性质不稳定，或有异味影响其应用。因此，制备成微胶囊是个很好的解决途径。微胶囊技术是微量物质包裹在聚合物薄膜中的技术，是一种储存固体、液体、气体的微型包装技术。本实验研究常见的功能性成分，如黄酮类、花青素、油脂等的微胶囊化方法。

二、产品方案

1. 原　料

自选各种水果、蔬菜、如柑橘、柚子、胭脂萝卜、紫包菜、茎瘤芥等或直接购买功能物质、β-环糊精、海藻酸钠、壳聚糖、明胶、羧甲基纤维素钠等食品添加剂。

2. 试　剂

冰乙酸，盐酸，氢氧化钠，戊二醛，壳聚糖、羧甲基纤维素钠，亚硫酸氢钠，大蒜精油，无水乙醇等。

3. 设备及器具

电动搅拌器，光学显微镜，电子天平，数显恒温水浴锅，pH 计，冰箱，离心机，冷冻干燥机等。

4. 设计的指标与实验要求

实验前，要求学生广泛查阅资料，选择本地比较有代表性的食品，如柑橘、柚子、胭脂萝卜、紫包菜、茎瘤芥等，根据果蔬的色泽、营养等因素，合理确定功能性成分，自行提取功能性物质，或直接购买功能物质。自己设计实验方案，确定壁材以及包埋条件，以包埋率为指标，进行功能性成分的微胶囊化研究，要求实验设计方案科学合理，实验过程有理有据，结论可靠。

3 人及以上一组，以组为单位进行实验。

5. 产品形式

功能性成分微胶囊产品。

三、产品的设计与开发

1. 产品设计开发流程

以大蒜精油微胶囊为例

大蒜精油→乳化→调 pH→固化→洗涤→冷冻干燥→成品

2. 产品设计开发的要素

（1）乳化　将羧甲基纤维素钠在 60 °C 恒温水浴锅中加热融化成透明状态，加入大蒜精油，用搅拌器 800 r/min 搅拌 2 min，使两者充分混合。充分搅拌均匀后将转速调至 1000 r/min，加入壳聚糖溶液，乳化 10 min。

（2）调 pH　加入少量的 10%冰乙酸溶液，用 pH 计调溶液的 pH 值为 4.5。

（3）固化　加入 1 mL 戊二醛溶液，缓慢滴入乳化液中，搅拌器转速为 1 000 r/min，持续搅拌 40 min。

（4）洗涤：离心　将大蒜精油微胶囊溶液依次用亚硫酸氢钠，无水乙醇洗涤，重复多次，在离心机中离心，收集下层沉淀的微胶囊。

（5）干燥　将收集的微胶囊置于冷冻干燥机中干燥成粉末，收集粉末即为成品。

说明：上述步骤中，壁材的配比实验、乳化及固化条件的确定实验，需要在单因素试验的基础上，进行正交试验。各组自行确定实验因素水平及评价指标。

四、问题与讨论

（1）微胶囊制备目前主要有哪些方法？
（2）自作的微胶囊制备的关键工艺是什么？

实验十一　花式蛋糕的研制

一、产品研究背景

花式蛋糕是在清蛋糕或油蛋糕的基础上，通过添加水果、巧克力、奶油、香精、色素等辅料，经过夹心、裱花等复杂工序生产出来的蛋糕，如水果蛋糕卷、裱花蛋糕、夹心蛋糕、纸杯蛋糕、奶油蛋糕等。花式蛋糕丰富了蛋糕品种，激发学生的创作欲望，提高学生的动手能力。

二、产品方案

1．原辅料

蛋糕专用粉，鸡蛋，白砂糖，发酵粉，食盐，自选各种鲜牛奶，奶粉，植物油，奶油、炼乳，葡萄干等坚果，草莓、黄桃、樱桃等水果，塔塔粉、可可粉、抹茶粉、果胶，柠檬酸等食品添加剂。

2．设备及用具

打蛋器，电烤箱，冰箱，电磁炉，搅拌机，水浴锅，均质机，烤盘，模具，电子台秤，操作台，砧板，菜刀面盆，面粉筛，刮刀，油刷，羹匙等。

3．设计的指标与实验要求

实验前，要求学生广泛查阅资料和市场调研，根据个人的意愿，选择一种或两种蛋糕品种，如水果蛋糕卷、裱花蛋糕、夹心蛋糕、纸杯蛋糕、奶油蛋糕等，辅以创新型配料，如体现花式蛋糕产品的营养、色泽、组织状态、口味等，自己设计实验方案，要求必须有原辅料及工艺过程创新，并编撰创新性的蛋糕题目。要求对成品进行感官检验及必要的理化检验等。

3人及以上一组，以组为单位进行实验。

4．产品形式

花式蛋糕。

三、产品的设计与开发

1. 产品设计开发流程

清蛋糕（油蛋糕）
$$\begin{cases} 冷冻 \\ 夹心 \\ 卷 \\ 裱花 \\ 千层 \end{cases}$$

2. 产品设计开发的要素

（1）蛋糕的制作　参考基础实验蛋糕的制作。制作清蛋糕、油蛋糕或添加其他辅料的蛋糕，蛋糕的配方及加工工艺自行确定。

（2）辅料果蔬的处理　选择市场上新鲜的水果及蔬菜，或者果蔬罐头。洗涤切分，去皮去核，留取可食部分。处理成需要的大小，必要时进行热烫，煮熟等处理。

（3）制作花式蛋糕　制作水果蛋糕卷、裱花蛋糕、夹心蛋糕、纸杯蛋糕、奶油蛋糕等。

说明：上述步骤中，原辅料的配比选择实验、加工焙烤条件的确定实验，需要在单因素试验的基础上，进行正交试验。各组自行确定实验因素水平及评价指标。

3. 感官评价

各组自行确定感官评价指标。对产品进行色、香、味、形、质地、口感等方面的评价。

四、问题与讨论

（1）果蔬如何影响蛋糕的色、香、味、形？

（2）花式蛋糕品质的影响因素有哪些？

25 种花式蛋糕惊艳你的双眼

参考文献

[1] 曾凡坤，王中凤，吴永娴，等. 传统涪陵榨菜工业化生产工艺研究[C]. 中国农学会农产品储藏加工分会学术交流会，2001.

[2] 方卢秋. 涪陵榨菜加工技术[J]. 中国乳业，1997（3）：31-33.

[3] 陈曾三. 四川涪陵榨菜的制造方法[J]. 中国调味品，2005（10）：42-46.

[4] 李祥. 特色酱腌菜加工工艺与技术[M]. 北京：化学工业出版社，2009.

[5] 阮国基. 酱腌菜的加工及食用[M]. 北京：科普出版社，1983.

[6] 贺云川，周斌全，刘德君. 涪陵榨菜传统工艺概述[J]. 食品与发酵科技，2013（4）：57-60.

[7] 赵丽芹. 果蔬加工工艺学[M]. 北京：中国轻工业出版社，2007.

[8] 郭卫强，王元龙. 非明胶果汁 QQ 软糖的研制[J]. 食品工程，2012（4）：21-23.

[9] 硬糖. https：//baike. so. com/doc/8639274-8960484. html，2015-06-23.

[10] 钟瑞敏，翟迪升，朱定和. 食品工艺学实验与生产实训指导[M]. 北京：中国纺织出版社，2015.

[11] 张钟，李先保，杨胜远. 食品工艺学实验[M]. 郑州：郑州大学出版社，2012.

[12] http://www.sbar.com.cn/caipu/136311.

[13] 钟瑞敏，翟迪升，朱定和. 食品工艺学实验与生产实训指导[M]. 北京：中国纺织出版社，2015.

[14] http://blog.sina.com.cn/s/blog_4a5089ff0100dimj.html.

[15] https://baike.so.com/doc/25911053-27066210.html.

[16] https://baike.so.com/doc/6260051-6473470.html.

[17] http://www.xiachufang.com/recipe/21402/.

[18] 蔺毅峰. 食品工艺实验与检验技术[M]. 北京：中国轻工业出版社，2006.

[19] 于新，李小华. 肉制品加工技术与配方[M]. 北京：中国纺织出版社，2006.

[20] 褚庆环. 蛋品加工技术[M]. 北京：中国轻工业出版社，2007.

[21] 龚双江. 畜禽产品加工[M]. 北京：高等教育出版社，2003.

[22] 张柏林. 畜产品加工学[M]. 北京：化学工业出版社，2008.

[23] 严泽湘，刘建先，严新涛. 海产食品加工技术[M]. 北京：化学工业出版社，2015.

[24] 徐卫华. 茶叶中提取茶多酚的研究[J]. 科学技术，2011，8（3）：137.

[25] 付勇，李万林，张哲，等. 茶多酚提取方法的研究进展[J]. 饮料工业，2013，16（5）：15-17.

[26] 武占省，江英，赵晓梅. 天然辣椒红色素的研究进展[J]. 中国食品添加剂，2004（6）：22-25.

[27] 赵宁，王艳辉，马润宇. 从干红辣椒中提取辣椒红色素的研究[J]. 北京化工大学学报：自然科学版，2004，31（1）：15-17.

[28] 谢练武，郭亚平，周春山，等. 压榨法与蒸馏法提取柑橘香精油的比较研究[J]. 化学与生物工程，2005（5）：15-17.

[29] 周林，罗志刚. 椪柑皮香精油的提取工艺及成分鉴定[J]. 广东化工，2005（9）：58-60.

[30] 阳晖，曾召银. 超声波辅助法提取胭脂萝卜色素的工艺研究[J]. 食品工业科技，2012，33（24）：325-328.

[31] 芮春梅. 胭脂萝卜红色素形成的动态分析与提取方法及稳定性研究[D]. 重庆：西南大学，2007.

[32] 江敏. 萝卜硫苷的分离纯化工艺研究[D]. 合肥：合肥工业大学，2012.

[33] 沈莲清，苏光耀，王奎武. 西兰花种子中硫苷酶解产物萝卜硫素的提纯与抗肿瘤的体外试验研究[J]. 中国食品学报，2008，8（5）：15-21.

[34] 丁武. 食品工艺学综合实验[M]. 北京：中国林业出版社，2012.

[35] 张航，李海宾，刘尔卓，等. 蒜味香肠加工工艺[J]. 肉类工业，2013（7）：12-13.

[36] 蒋爱民，南庆贤. 畜产食品工艺学[M]. 2版. 北京：中国农业出版社，2008.

[37] 周悦. 碎牛肉重组制脯的加工研究[D]. 长春：吉林农业大学，2013.

[38] 李祥. 特色酱腌菜加工工艺与技术[M]. 北京：化学工业出版社，2009.

[39] 何雨青，石艳宾. 花生多肽的研究进展[J]. 食品研究与开发，2008，29（5）：171-174.

[40] 胡志和，郭嘉. 利用冷榨花生饼制备花生多肽饮料[J]. 食品科学，2011，32（20）：335-340.

[41] 宋玲钰. 花生降胆固醇肽的制备及饮料开发[D]. 泰安：山东农业大学，2016.

[42] 贾敏，宋玲钰，刘丽娜，等. 降胆固醇花生多肽无糖饮料的研制[J]. 食品科技，2017（1）：126-130.

[43] 刘建侨. 八宝粥加工工艺及设备[J]. 商业科技开发，1995，4：23-24.

[44] 蒋和体. 软饮料工艺学[M]. 重庆：西南师范大学出版社，2008.

[45] 王春燕，赵长盛，袁惠. 果蔬粉应用现状及存在问题[J]. 中国果菜，2014（34）：37.

[46] 白志明. 可食性果蔬包装纸的制备[J]. 中国包装工业，2013，20（2）：7-8.

[47] 梁世杰，丁克芳，林伟国. 运动饮料配方设计概论[J]. 饮料工业，2003，6（3）：1.

[48] 陈菽，乐超银，刘海军，等. 大豆多肽运动饮料的研制[J]. 现代食品科技，2010，26（1）：100-101.

[49] 龚树立. 大豆多肽研究概况及其在运动饮料中的应用[J]. 食品与发酵工业，2004，30（6）：112-117.

[50] 张钟，李先保，杨胜远. 食品工艺学实验[M]. 郑州：郑州大学出版社，2012.

[51] 顾国贤. 酿造酒工艺学[M]. 2版. 北京：中国轻工业出版社，2007.

[52] GB 4789.2—2016 食品微生物学检验菌落总数测定[S]. 北京：中国标准出版社，2016.

[53] https://wenku.baidu.com/view/bf9935286f1aff00bfd51e7b.html.

[54] 周来. 麻花的制作技术[J]. 农村百事通，2009（16）：23.

[55] 傅晓如. 米粉条生产中常用辅料及添加剂[J]. 粮油食品科技，2000，8（2）：3-4.

[56] 李春银. 米锅巴制作技术[J]. 农村新技术，2009（6）：53.

[57] 张刚，叶樱. 低温真空油炸果蔬脆片生产工艺[J]. 中外技术情报，1995，11：42-43.

[58] 石晶，马中苏，王昕. 利用小型真空油炸实验台对果蔬脆片生产工艺的研究[J]. 吉林蔬菜，

2002，4：22-24.

[59] 于滨，王喜波. 豆浆处理工艺改善内酯豆腐的质构特性[J]. 农业工程学报，2014，30（6）：287-292.

[60] 杨剑婷，李孟良，徐晴，等. 大豆品种对卤水豆腐和内酯豆腐加工特性的影响[J]. 现代食品科技，2016，32（7）：145-150.

[61] 周光宏. 畜产品加工学[M]. 北京：中国农业出版社，2008.

[62] 莎丽娜，贺银凤，白英，等. 新型肉松加工工艺的研究[J]. 肉类研究，1999，3（20）：44.

[63] 周光宏. 畜产品加工学[M]. 北京：中国农业出版社，2008.

[64] 黄燕. 蛋黄酱的制作探讨[J]. 食品科学，1996，17（11）：70-71.

[65] 林旭东，凌建刚，潘巨忠. 咸鸭蛋加工技术的研究[J]. 农产品加工（学刊），2007，5：61-63.

[66] 罗颖范，赵青艳. 酱卤肉的配方与卫生质量研究[J]. 肉品卫生，2001，5：9-10.

[67] 楼明，张鸿发. 鱼肉脯的加工工艺[J]. 中国农村科技，2001，5：38.

[68] 裴斐，张研. 多味鱼肉脯的加工[J]. 农村实用技术，2002，2：43.

[69] https://baike.baidu.com/item/%E9%B1%BC%E4%B8%B8/26674?fr=aladdin.

[70] 唐中华. 白鲢鱼丸加工工艺简介[J]. 中国水产，1994，3：40.

[71] 邱春江，周长虹. 银杏鱼丸的加工工艺研究[J]. 食品科技，2003，5：32-33.

[72] 蒋和体. 软饮料工艺学[M]. 重庆：西南师范大学出版社，2008.

[73] 胡小松，蒲彪. 软饮料工艺学[M]. 北京：中国农业大学出版社，2002.

[74] 杨桂馥. 软饮料工业手册[M]. 北京：中国轻工业出版社，2002.

[75] 刘聪，季爱兵，林珊，等. 竹汁软糖的制作工艺[J]. 食品安全导刊，2016（11）：66-68.

[76] 肖春玲. 番茄软糖制作工艺技术的研究[J]. 食品科学，2002，23（12）：88-90.

[77] 陈政旭，何香，何恒果，等. 铁观音茶中茶多酚的提取研究[J]. 绿色科技，2018（12）：170-172.

[78] 徐方祥，郑博文，苏袁，等. 微波辅助双水相提取绿茶中茶多酚的研究[J]. 2017，38（17）188-192.

[79] 王和才，袁欣. 番茄营养蛋糕的研制[J]. 食品工业，2011，12：13-15.

[80] 杨宝进，张一鸣. 现代食品加工学[M]. 北京：中国农业大学出版社，2006.

[81] 刘静，邢建华. 食品配方设计7步[M]. 2版. 北京：化学工业出版社，2012.

[82] 周中凯. 花生奶生产新工艺的研究[J]. 软饮料工业，1996，3：15-18.

[83] 田海娟，朱珠，张传智，等. 黑啤酒面包的研制[J]. 食品工业科技，2013，14：296-299.

[84] 温志英，彭辉，蔡博. 菠萝豆渣复合饮料的研制[J]. 中国农学通报，2010，26（16）：58-62.

[85] http://down.foodmate.net/standard/index.html.

[86] https://zhidao.baidu.com/question/1705849780139243980.